普通高等教育“十四五”规划教材

材料工程专业学位研究生教学案例集

汤玉斐　李福平　编著

扫码获得数字资源

[redacted]

北　京
冶 金 工 业 出 版 社
2025

内 容 提 要

本书选取材料工程领域的 18 个真实案例，与专业课内容相结合，每个案例均包括案例正文和案例使用说明，涵盖了材料工程专业学位研究生主要课程，同时，对课程工程案例进行了深入剖析，有助于突出专业学位研究生教育教学的职业实践性，提升解决行业产业实际问题的能力。

本书可作为高等院校材料与化工、材料工程、冶金工程等专业学位研究生教材，也可供材料工程领域的研究人员和工程技术人员参考。

图书在版编目(CIP)数据

材料工程专业学位研究生教学案例集 / 汤玉斐，李福平编著. -- 北京 ：冶金工业出版社，2025. 6.
(普通高等教育“十四五”规划教材). -- ISBN 978-7-5240-0189-8

Ⅰ. TB3

中国国家版本馆 CIP 数据核字第 2025WD1294 号

材料工程专业学位研究生教学案例集

出版发行	冶金工业出版社	**电　　话**	(010)64027926
地　　址	北京市东城区嵩祝院北巷 39 号	**邮　　编**	100009
网　　址	www. mip1953. com	**电子信箱**	service@ mip1953. com

责任编辑　郭冬艳　美术编辑　吕欣童　版式设计　郑小利
责任校对　梅雨晴　责任印制　范天娇

唐山玺诚印务有限公司印刷

2025 年 6 月第 1 版，2025 年 6 月第 1 次印刷

787mm×1092mm　1/16；8. 5 印张；206 千字；128 页

定价 36. 00 元

投稿电话　(010)64027932　投稿信箱　tougao@cnmip. com. cn
营销中心电话　(010)64044283
冶金工业出版社天猫旗舰店　yjgycbs. tmall. com

(本书如有印装质量问题，本社营销中心负责退换)

前　　言

《教育部关于深入推进学术学位与专业学位研究生教育分类发展的意见》指出："提倡采用案例教学、专业实习、真实情境实践等多种形式，提升解决行业产业实际问题的能力，并在实践中提炼科学问题。"在专业学位研究生培养过程中，以工程案例为主线的案例教学是深入打造学术学位与专业学位研究生教育分类培养链条的关键一步。

本书作者团队根据多年来在材料工程领域产学研实践经验，联合校企实践基地的企业专家，共同编写了《材料工程专业学位研究生教学案例集》。本书在绪论部分介绍了材料工程领域专业学位研究生的产教融合课程建设与工程案例教学情况，然后选取来自材料工程领域的18个真实案例，与专业课内容相结合，并对课程工程案例进行了深入剖析。每个案例均包括案例正文和案例使用说明，涵盖了材料工程专业学位研究生的主要课程。

本书的作者具有多年在材料工程领域一线教学科研的实践经验，依托国家级课程思政示范教学团队、陕西省研究生联合培养示范工作站和陕西省研究生教育综合改革研究与实践重点项目（JYSZG2023068），结合当前与课程内容结合紧密、受本领域关注的工程案例编写了本书。本书由汤玉斐、李福平负责组织编写和统稿，梁淑华、赵康、张国君、邹军涛、李喜飞、赵高扬、贾磊、韩晶、严富学、刘和光、张乔、刘楠、唐文亭、任洋、李继红、唐晨等一线任课教师和来自校企联合实践基地的吴子祥、朱丽霞、慕伟意、肖明、何显峰、曹晓宇、曹伟产、杨胜辉等企业专家参加编写和提供案例资料，学院彭清艳、段珊老师和课题组博士研究生邢国鑫、雷留名及硕士研究生叶佳怡、郝明历、卢佳欣参加了本书的编写和校对工作。

本书在编写过程中参考了相关文献资料和网络资源，在此向原作者表示衷心的感谢。

由于作者水平有限，同时材料工程领域研究与科技进步日新月异，书中不妥之处在所难免，敬请专家和读者批评指正。

作　者

2024年10月

前 言

[illegible]

2024年10月

目　录

1 绪　论

在21世纪的科技浪潮中，材料工程作为科技进步的基石，其重要性日益凸显。从航空航天、电子信息到生物医药和新能源等各个领域，材料工程技术的进步直接推动了人类社会文明的发展。随着全球经济的持续增长和科技的日新月异，对高性能、多功能及环保型材料的需求不断增加，材料工程领域面临着前所未有的机遇与挑战。因此，培养具备扎实理论基础、丰富实践经验和创新思维的高层次材料工程专业人才，成为当前教育领域的重要任务之一。《材料工程专业学位研究生教学案例集》正是在这一背景下应运而生，旨在通过工程案例教学的形式，为材料专业的研究生提供一个理论与实践深度融合的学习平台，促进知识向能力的转化，激发研究生的创新思维，全面提升他们的综合素质，为未来的科研工作和职业发展奠定坚实基础。同时，本书也希望通过展示和分析这些案例，促进材料工程领域的知识共享和经验交流，推动该领域的持续创新与发展。

1.1　材料工程概述

材料工程作为一门交叉性极强的学科，它融合了物理学、化学、机械工程、电子工程、计算机科学等多个领域的知识，专注于材料的开发、设计、制备、加工、性能测试及应用研究。材料工程的核心在于理解材料的结构–性能关系，通过调控材料的组成、结构与形态，优化其性能以满足特定工程需求。随着科技的飞速发展，材料工程领域不断涌现出新材料、新技术和新工艺，如纳米材料、功能材料、智能材料、生物医用材料、感应淬火工艺等，这些创新不仅拓宽了材料工程的研究范畴，也为解决能源危机、环境污染、医疗健康等全球性挑战提供了新途径。

1.2　工程案例教学的重要性

工程案例教学是一种以实际工程问题为导向的教学模式，它通过将真实的工程案例引入课堂，使研究生在分析、讨论和解决问题的过程中掌握知识和技能，近年来在高等教育中得到了广泛应用。与传统的理论教学相比，工程案例教学具有以下显著优势：

（1）增强学习的针对性和实效性：工程案例教学能够使研究生直接面对实际工程问题，从而更加明确学习的目标和方向。通过分析和解决这些问题，研究生能够更加深入地理解和掌握所学知识，提高学习的针对性和实效性。

（2）培养研究生的创新思维和实践能力：工程案例教学鼓励研究生从不同角度思考问题，提出创新性的解决方案。在解决问题的过程中，研究生需要运用所学知识进行综合分析、判断和决策，从而锻炼自己的创新思维和实践能力。

（3）提升研究生的综合素质：工程案例教学不仅关注研究生的专业知识学习，还注重培养研究生的团队协作、沟通协调、时间管理等综合素质。通过小组讨论、合作研究等形式，研究生能够学会与他人合作共事，提高自己的综合素质和社会适应能力。

1.3 本书的结构与使用指南

1.3.1 本书的结构

本书共选取材料工程领域的 18 个真实案例，内容涵盖了材料工程产品、材料工艺技术、材料成型制造三大部分。每一部分都紧密围绕材料工程的核心领域展开，通过精选的工程案例，深入剖析材料工程在实际应用中的关键环节和技术挑战。

（1）材料工程产品案例部分：本部分聚焦于材料工程领域的典型工程产品案例，如高性能陶瓷、先进复合材料、智能材料等。通过详细介绍这些产品的结构特点、性能要求、设计思路及应用领域等内容，帮助研究生了解材料工程产品的开发流程和市场需求，掌握产品设计和优化的思路和方法。

（2）材料工艺技术案例部分：本部分重点介绍在材料工程研究中常用的工具、方法和技术手段，如计算机辅助设计、材料模拟软件、微观结构表征技术等。通过具体案例展示这些技术手段在材料设计、性能预测等方面的应用，帮助研究生掌握现代材料工程研究中的关键技术手段。

（3）材料成型制造案例部分：本部分关注材料成型制造的先进技术，如感应淬火工艺、熔渗工艺、热处理工艺等。结合具体案例，介绍不同成型方法的原理、特点及应用范围，使研究生掌握材料成型制造的基本知识。同时，针对成型过程中可能出现的问题和缺陷进行分析和讨论，提出改进方案和优化建议，为研究生提供解决实际问题的思路和方法。

1.3.2 使用指南

（1）明确教学目标：在使用案例集之前，教师应首先明确希望通过案例学习实现的教学目标，具体包括知识掌握和技能提升等，从而为筛选合适案例和设计针对性教学活动提供依据。

（2）预习与引导：鼓励研究生提前预习案例内容，了解案例背景和问题，结合文献调研初步思考解决方案。教师可提前布置课前学习任务，并设计引导性问题，以激发研究生的好奇心和探索欲。

（3）案例分析与讨论：在开展案例教学期间，教师可先简要介绍案例背景，然后组织研究生分组讨论。鼓励研究生从多个角度分析问题，提出不同的解决方案，并进行组内和组间的交流。教师在此过程中应充当引导者和协调者的角色，适时给予提示和反馈，引导研究生将理论知识与案例实践相结合，分析案例中涉及的材料工程原理、技术方法及其在实际应用中的效果。

（4）总结与反思：每个案例学习结束后，教师应组织研究生进行总结与反思。总结案例中的主要知识点、技术方法和经验教训；反思个人及小组在案例分析过程中的表现，识别存在的问题和不足；提出改进措施和未来学习的方向。

（5）实践与创新：鼓励研究生将案例学习成果应用于实践项目中，通过实验操作、仿真模拟或企业考察等方式，验证和完善解决方案。同时，鼓励研究生大胆创新，提出新的思路和方法，培养其实践能力和创新意识。

（6）持续跟踪与反馈：教师应保持与研究生的密切沟通，及时了解研究生的学习进度和困惑。通过总结报告检查、课堂测验等方式，收集研究生的学习反馈，调整教学策略和方法，确保教学效果的最大化。

2 材料工程产品案例

本章精选了六个材料工程产品案例，按对人类生活影响由近及远的顺序展开：从直接关乎健康的智能抗菌材料破解耐药菌难题，到脊柱手术骨水泥强化生命支撑，再到锂离子电池安全关乎绿色出行，电子元件性能提升助力信息社会，工业耐磨材料延长设备寿命，以及油气管道长效防护保障能源安全。这些案例不仅展现材料工程前沿，更强调其社会价值。作为教学案例集，它们旨在培养材料工程研究生解决实际问题的能力，激发创新思维，为行业培养未来栋梁。

2.1 智能响应型 Ag-MOFs 抗菌材料——破解耐药菌感染难题

当前细菌耐药性问题日益严峻，对耐药菌引起的感染性疾病的防治造成了巨大困难。银基金属有机框架（Ag-MOFs）抗菌材料由于灭菌效率高、广谱抗菌特性、不产生耐药性等优点有望替代抗生素。但目前研究的 Ag-MOFs 的 Ag^+释放大都是不可控的，这会造成 Ag^+无选择释放、累积，从而产生生物毒性问题。本案例以 Ag-MOFs 响应型抗菌材料的设计和研发为主线，系统讲解了具有优异抗菌性能和环境响应性（如 pH 响应和 HAase 响应）的 Ag-MOFs 的开发思路。该案例能够加深研究生对于 MOFs 概念、结构设计的理解，促进研究生在新型抗菌材料前沿领域积累丰富的理论知识，培养研究生理论联系实际的能力和实践创新的能力。

2.1.1 案例背景

传染病是严重危害全球人类健康的一类重要疾病，传染病的防控也一直是全球公共卫生领域的重点和难点问题。2022 年 11 月 21 日，来自美国华盛顿大学医学院的 Mohsen Naghavi 教授团队整合了全球疾病负担 2019 数据和全球抗生素耐药负担 2019 数据，对 204 个国家的 33 种临床常见细菌感染相关死亡人数进行了评估分析，并发布在全球著名医学期刊《柳叶刀》（THE LANCET）上。结果显示，这 33 种临床重要细菌共造成约 770 万人死亡，占 2019 年全球死亡病例的 13.6%，占当年所有感染相关死亡病例的 56.2%。位居感染致死前五（均超 50 万死亡病例）的细菌分别为金黄色葡萄球菌、大肠杆菌、肺炎链球菌、肺炎克雷伯菌和铜绿假单胞菌（图 2-1），2019 年全球细菌死亡相关案例中，一半以上是由这五种细菌病原体引起的。其中，金黄色葡萄球菌是 135 个国家的头号致死性细菌，年死亡病例超过 100 万例，也是导致 15 岁以上人群死亡病例最多的病原菌。引发 5~14 岁青少年、4 岁以下儿童和新生儿群体死亡病例最多的细菌分别是伤寒血清型沙门菌（4.9 万例）、肺炎链球菌（22.5 万例）和肺炎克雷伯菌（12.4 万例）。综合数据显示，细菌感染已经成为紧随缺血性心脏病之后的人类第二大致死因素（图 2-2），与这五种病原体相关的重大健康损失负担需要全球卫生界加强关注。该研究进一步强调了控制细菌感染，科学合理使用抗生素的必要性和紧迫性。

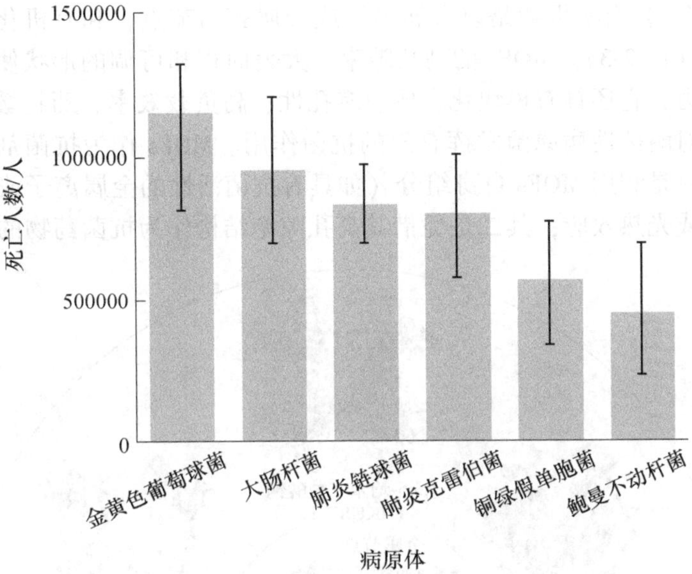

图 2-1 2019 年全球因病原体和感染综合征死亡的人数

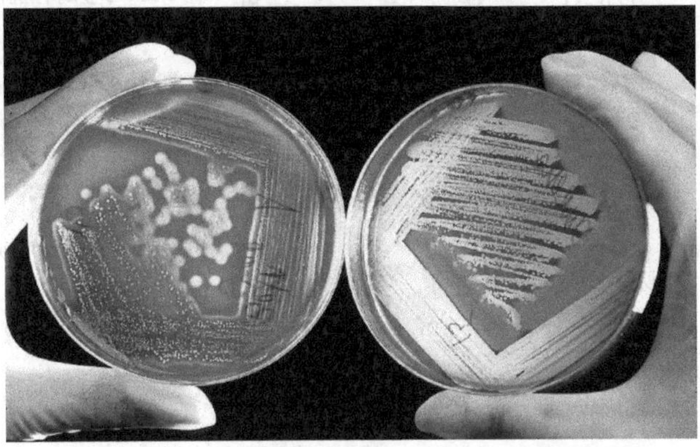

图 2-2 细菌感染已经成为人类第二大致死因素

2.1.2 案例分析

细菌感染是全球公共卫生领域面临的重大挑战，2022 年《柳叶刀》发表的重磅系列性分析研究表明 33 种常见细菌感染在 2019 年致全球约 770 万人死亡，占当年全球死亡 13.6%，其中金黄色葡萄球菌、大肠杆菌等五大病原体占主导，尤其是金黄色葡萄球菌为 135 个国家的头号致死菌。细菌感染已成为人类第二大死因，仅次于缺血性心脏病。因此，预防细菌感染、开发合理的细菌控制手段来减少传染病造成的重大健康损失是亟待解决的问题。

在临床上，高剂量的抗菌药物被用于治疗细菌感染，比如四环素类、青霉素类、链霉素类等抗生素，但其副作用和细菌耐药性对抗菌药物的治疗效果产生了负面影响。解决这一问题，需要开发抗菌效率高、耐药风险低的抗菌材料。金属-有机框架（Metal-Organic Frameworks，MOFs）作为一类新型的有机-无机杂化材料，近年来在生物医学应用方面得到了广泛研究。金属-有机框架是以金属离子或金属簇为节点，和有机化合物构成的连接体自组装构成的（图 2-3）。MOFs 的高孔隙率、大表面积和可调的形状使其在抗菌应用方面具有巨大的潜力，它还具有模块化合成、多孔性、高负载效率、药物缓释和生物相容性等理化特性，可对耐药性病原菌发挥有效的抗菌作用。MOFs 作为抗菌剂主要通过两种机制发挥作用：其一是利用 MOFs 自身组分（如具有抗菌活性的金属离子或有机配体）引发的氧化应激反应或光热效应；其二是凭借其高孔隙率结构作为抗菌药物的递送载体。

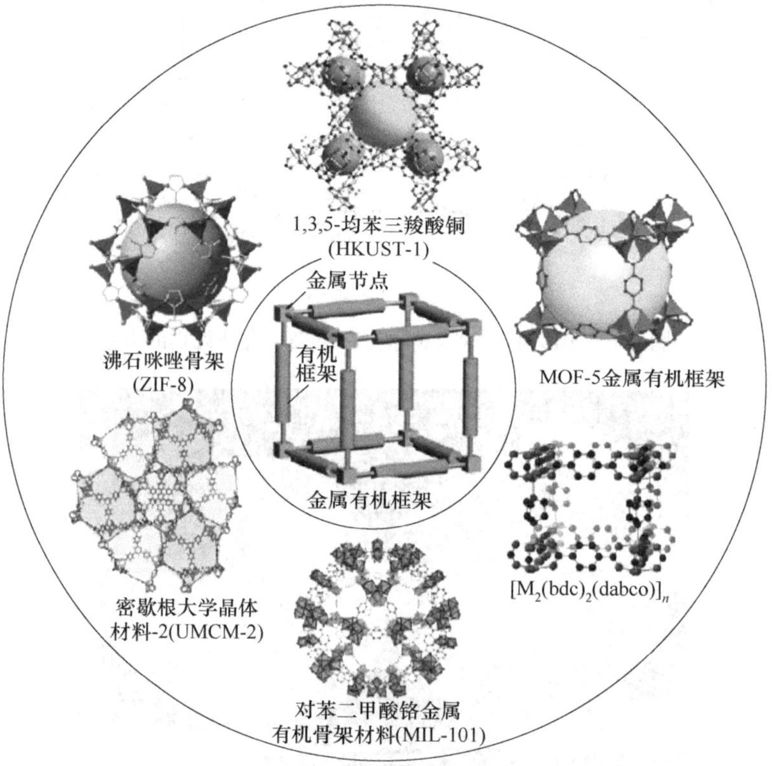

图 2-3 金属-有机框架材料示意图

与化学杀菌剂相比，MOFs 具有使用低剂量和细菌快速失活的优点，但不会像化学杀菌剂一样产生副产物。除此之外，MOFs 具有三维晶格，可在微生物周围形成网状结构，增大与微生物的接触面积，从各个角度发挥作用，增大了抗菌效率。MOFs 的刚性多孔结构具有足够的稳定性和有效生物降解性，可用于抗菌药物的封装和运输。MOFs 作为复合抗菌材料中的重要组成部分之一，结合了有机抗菌材料和无机抗菌材料的优势，弥补了单一抗菌材料的不足，由于其结构和组成的多样性和可控性，可以有效控制结构中金属离子的释放速率和浓度，并实现抗菌药物的负载和缓慢释放，还可以利用有机配体进行接枝复合其他功能性基团和功能性材料，因此金属-有机框架是近年来抗菌材料的研究热点之一。

银纳米颗粒（Ag NPs）主要通过释放 Ag^+进行物理杀菌，不会产生耐药性，被认为是一种出色的抗菌剂（图 2-4）。但 Ag NPs 释放 Ag^+太快，极易造成生物毒性问题。以 Ag 为结构节点的银基抗菌 MOFs（Ag-MOFs）作为银离子的存储库，可以减缓 Ag^+释放速度，而且相对于 Ag NPs，Ag-MOFs 具有有序且可调的孔结构、更高的比表面积、有机配体易于功能化等优点，因而成为抗生素更有前途的替代者。但需要注意的是，Ag(Ⅰ)-MOFs 中的 Ag^+ 释放是无选择性的，因此不可避免会造成生物毒性问题。比如，当 Ag^+ 持续释放并渗透无选择性分布进入正常细胞的线粒体时，会破坏线粒体能量传递等功能，从而使细胞死亡；大量的 Ag^+ 进入血红细胞后也会取代血红蛋白分子中的 Fe^{2+}，导致产生炎症反应。因此开发出具有高效抗菌性能和按需释放性能的银基纳米平台对安全、快速有效杀灭细菌具有重要意义。

图 2-4　纳米银抗菌剂

2.1.3　响应型抗菌 Ag-MOFs 材料的研发

高校研究项目组计划开发一种能够智能释放抗菌药物的新型 Ag-MOFs 材料来解决临床中的耐药性细菌感染的难题。他们的研究开始于一个简单却至关重要的发现：细菌感染会显著改变感染区域的微环境。在细菌感染后，局部微环境会呈现缺氧状态、pH 值通常处于微酸性范围（为 4.5~6.5），且外源性酶（如透明质酸酶和脂肪酶）表达会显著升高。这种微环境为细菌提供了生存条件，并加剧了炎症反应。此外，耐药性细菌会形成一种名为生物膜的保护结构（图 2-5），这种膜由多菌种群落、细胞外聚合物以及共生微生物组成，既进一步复杂化了微环境的酸性和酶的含量，又能成为维持细菌附着和生存的防御屏障。这些实质性的变化可以作为刺激因素来触发抗菌药物的释放。

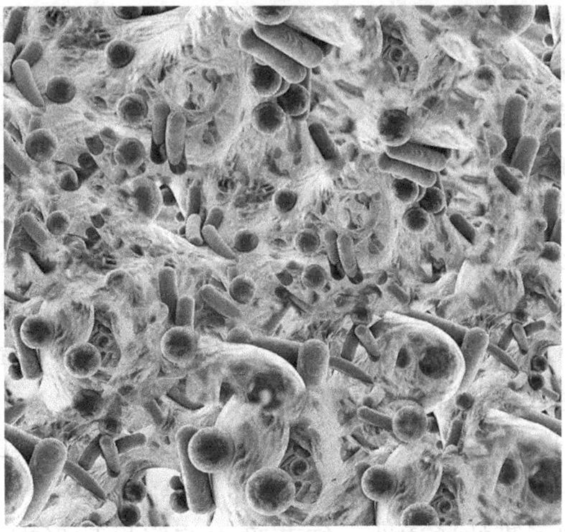

图 2-5　细菌生物膜

在这一发现的基础上，项目组决定深入研究如何利用这些变化来开发新型的抗菌药物。他们的目标是设计一种能够在酸性环境中特异性释放抗菌药物的系统。为了实现这一目标，他们选择了两种在酸性条件下能够发生质子化的配体：4-硝基咪唑和硫代水杨酸，并将这些配体与银离子（Ag^+）结合，合成了两种新的金属有机框架（Ag-MOFs），即 Ag-MOFs 1 和 Ag-MOFs 2。这两种 Ag-MOFs 不仅可以作为 Ag^+ 的储存库，还能够响应细菌感染所导致的酸性微环境来释放 Ag^+，实现低剂量、长效的抗菌效果。接着，他们对这两种 MOFs 进行了 Ag^+ 响应释放测试。他们发现，Ag-MOFs 1 和 Ag-MOFs 2 在 pH = 5.5 的酸性环境中，能够迅速释放出大量的 Ag^+，释放率分别约为 35.60% 和 52.51%。这一结果表明两种 Ag-MOFs 具有很好的 pH 响应性能，符合团队预期。因为在酸性环境中，Ag-MOFs 中的配体发生质子化，导致配位键断裂，从而释放 Ag^+。并且 pH 响应释放可以减少 Ag^+ 的过早释放和非选择性释放，最大限度地减少对正常细胞的损害。Ag-MOFs 1 表现出比 Ag-MOFs 2 更优越的 pH 响应性能，是因为 Ag-MOFs 1 中所有的 Ag^+ 都与咪唑中的 N 原子配位，更容易受到酸性环境的影响。

如何进一步提高这两种 Ag-MOFs 的抗菌性能呢？项目组经过讨论后，尝试将它们包覆在透明质酸（HA）中，形成 HA 包覆的 Ag-MOFs（Ag-MOFs 1@ HA 和 Ag-MOFs 2@ HA）。他们解释："HA 膜在 pH = 7.4 的生理环境中能够有效抑制 Ag^+ 的释放，但在细菌代谢形成的高透明质酸酶（HAase）环境下，这些膜会被降解，从而释放 Ag^+。因此，HA 的包覆不仅有助于提高 Ag-MOFs 的生物相容性，还能够在细菌感染的微环境中提高特异性识别能力，实现多重响应释放系统和更为精确的药物释放。"实验结果同样为项目组的尝试交上满意答卷。在模拟细菌感染的微环境中，Ag-MOFs 1@ HA 和 Ag-MOFs 2@ HA 的 Ag^+ 释放率显著提高，分别达到 36.78% 和 55.27%。这不仅高于单一的 pH 响应释放，也略高于单一的 HAase 响应释放。这是因为在模拟细菌感染的微环境中，Ag-MOFs 表面的 HA 膜被 HAase 降解，然后酸性缓冲液进一步导致配体质子化，释放更多的 Ag^+。

在拿到这些新型 Ag-MOFs 的响应释放 Ag^+ 的实验数据后，项目组成员信心满满的开始了抗菌试验。他们选择了多种典型的致病细菌作为测试对象，包括金黄色葡萄球菌（S. aureus）、大肠杆菌（E. coli）、铜绿假单胞菌（Paeruginosa）以及真菌白色念珠菌（C. albicans）进行体外抗菌实验。结果显示，在含有 Ag-MOFs 材料的培养基中，细菌的生长受到了明显抑制，且随着 Ag-MOFs 材料浓度的增加和时间的延长，抑菌效果更加显著。特别是对于耐药性革兰氏阴性菌（铜绿假单胞菌和大肠杆菌），Ag-MOFs 1@ HA 和 Ag-MOFs 2@ HA 显示出了强大的抗菌活性（图 2-6）。这是因为耐药性细菌在生长过程中产生了大量的酸和 HAase，进一步激活了 Ag-MOFs 中的 Ag^+ 释放机制，从而对这些细菌产生了有效的杀菌作用。此外，项目组还发现 4 种 Ag-MOFs 比银盐 $AgCF_3COO$ 和 $AgNO_3$ 软膏的抗菌能力更强，比头孢唑啉具有更好的抗菌广谱性。结合这些实验结果，他们分析 Ag-MOFs 1@ HA 和 Ag-MOFs 2@ HA 对耐药性革兰氏阴性菌的抗菌作用可能经历了以下四个过程：（1）耐药性革兰氏阴性菌产生的生物膜中丰富的 HAase 导致 Ag-MOFs 1@ HA 和 Ag-MOFs 2@ HA 表面的 HA 膜破裂；（2）由于细菌代谢和生物膜的形成在细菌增殖附近产生了酸性环境，低 pH 触发 Ag-MOFs 1 和 Ag-MOFs 2 释放 Ag^+；（3）释放的 Ag^+ 破坏了细菌膜的完整性，显著增加了膜的通透性，细菌吸水溶胀导致形态崩溃（图 2-7）；（4）当 Ag^+ 特异性结合到细胞膜上的硫醇基团（—SH）时，它们有效地穿透细胞壁和细胞膜的胞外侧，进一步导致蛋白质变性，使细菌无法呼吸、代谢和繁殖，最终导致死亡，达到杀菌效果。

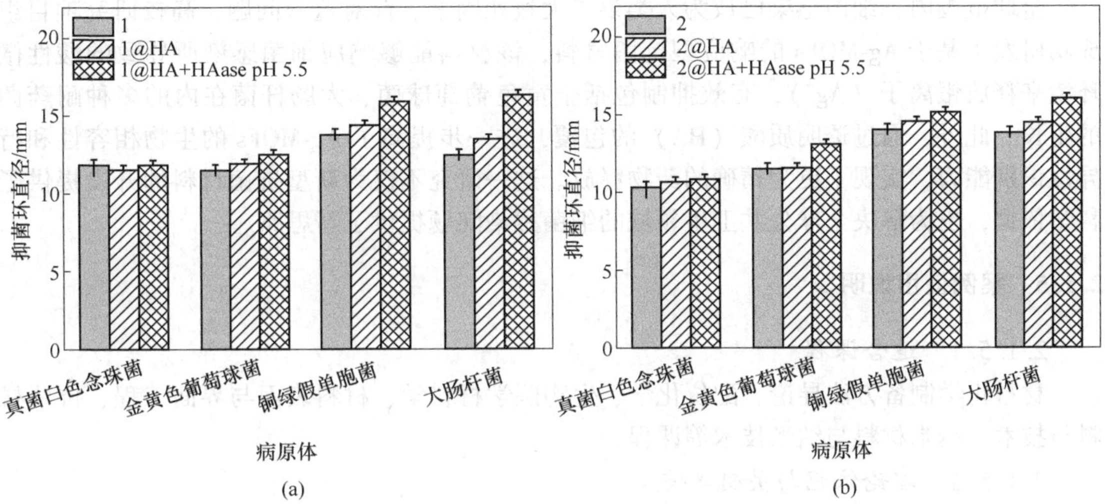

图 2-6 Ag-MOFs、Ag-MOFs@ HA、Ag-MOFs@ HA-HAase 对真菌白色念珠菌、金黄色葡萄球菌、铜绿假单胞菌、大肠杆菌的抑菌圈直径

（a） MOFs 1；（b） MOFs 2

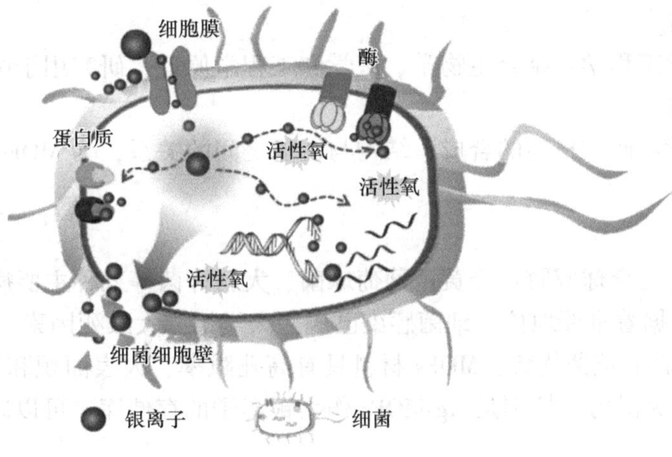

图 2-7 银离子抗菌机理示意图

为了确保 Ag-MOFs 材料在临床应用中的安全性，项目组还对其生物相容性进行了评估。通过体外细胞实验和动物实验，他们发现 Ag-MOFs 材料对成骨细胞和周围组织细胞均无明显的毒性作用，且能够促进细胞的增殖和分化。这表明他们研发的 Ag-MOFs 材料具有良好的生物相容性。

通过一系列的实验，项目组证明了他们所研发的 Ag-MOFs 1@ HA 和 Ag-MOFs 2@ HA 在对抗体内外的耐药性细菌方面具有显著的优势。这一结果不仅为新型抗菌药物的开发提供了新的思路，也为解决当前医疗领域中的抗药性问题开辟了新的途径。

2.1.4 结语

全球范围内，细菌感染已成为人类第二大致死因素。针对这一问题，高校研究项目组成功研发了基于Ag-MOFs的响应型抗菌材料，该材料能够响应细菌感染所导致的酸性微环境来释放银离子（Ag^+），有效抑制包括金黄色葡萄球菌、大肠杆菌在内的多种耐药菌的生长。此外，通过透明质酸（HA）的包覆，进一步提高了Ag-MOFs的生物相容性和特异性识别能力，实现了更为精确的药物释放。这一研究不仅为新型抗菌材料的开发提供了科学依据，也为解决全球公共卫生领域的细菌感染问题提供了新思路。

2.1.5 案例使用说明

2.1.5.1 适合课程

材料化学制备方法导论、配位化学、生物医学材料学、材料表面与界面工程、抗菌材料与技术、纳米材料与纳米技术等课程。

2.1.5.2 理论依据与关键要点

A 理论依据

（1）抗菌材料学：研究抗菌材料的作用机理、性能评价及应用，为Ag-MOFs抗菌材料的设计提供理论基础。

（2）纳米科学与技术：探讨纳米材料的特性及其在各个领域的应用，特别是纳米抗菌材料的开发与应用。

（3）生物医学工程学：结合生物学、医学和工程学原理，研究用于医疗设备和材料的开发、测试和应用。

（4）材料化学：研究材料的合成、结构与性能之间的关系，为MOFs材料的制备和改性提供理论支持。

B 关键要点

（1）细菌感染的全球威胁：金黄色葡萄球菌、大肠杆菌等五种主要病原体在全球细菌感染死亡案例中占据着重要地位，细菌感染已成为人类第二大致死因素。

（2）MOFs材料的抗菌优势：MOFs材料具有高孔隙率、大表面积和可调形状等特点，在抗菌方面具有巨大潜力。特别是Ag-MOFs作为银离子的存储库，可以减缓Ag^+的释放速度，提高抗菌效果。

（3）响应型抗菌机制：Ag-MOFs材料能够在细菌感染的酸性环境中特异性释放Ag^+，实现低剂量、长效的抗菌效果。通过HA包覆，进一步提高其生物相容性和特异性识别能力。

（4）实验验证与性能评估：通过实验验证Ag-MOFs材料的响应释放性能、抗菌效果及生物相容性，证明其在对抗耐药菌方面的显著优势。

（5）临床应用前景：Ag-MOFs材料具有广阔的临床应用前景，为解决全球公共卫生领域的细菌感染问题提供了新的思路和方法。

2.1.5.3 分析思路

教师可依据自身设定的教学目标、教学方法以及学员的具体实际情况，灵活地将本案例融入教学中，以下列出几点分析思路，仅供教学设计与实施时参考。

首先，从全球死亡数据出发，分析细菌感染的严重性及其对公共卫生的影响，强调传染病防控的重要性。然后，结合 MOFs 材料的理化特性，分析其作为抗菌材料的优势，如高孔隙率、大表面积、可调性等，加深研究生对于 MOFs 的概念、结构设计的理解，并深入分析 Ag-MOFs 的设计原理，包括配体的选择、Ag^+ 的储存与释放机制，以及 HA 包覆的作用，激发研究生学习求知欲，培养探索能力和创新能力以及理论联系实际的能力。接着，根据实验结果，探讨 Ag-MOFs 对耐药菌的抗菌效果及其机制。最后，总结研究成果，探讨抗菌材料领域未来的研究方向，如新型抗菌材料的开发、抗菌机制的深入研究等。

2.1.5.4 思考题

(1) 简述细菌感染成为全球公共卫生领域重点难点问题的原因。

(2) 分析 MOFs 材料在抗菌领域相比传统抗菌药物的优势有哪些?

(3) 案例中 Ag-MOFs 材料如何实现特异性释放 Ag^+? 其机制是什么?

(4) 透明质酸（HA）的包覆对 Ag-MOFs 的抗菌性能和生物相容性有何影响?

(5) 未来在抗菌材料领域还有哪些研究方向值得探索?

2.2 复杂脊柱手术用自膨胀复合骨水泥——打牢骨质疏松地基

骨质疏松等复杂情况增加了脊柱手术失败风险。其难点和风险关键在于骨质疏松导致的骨螺钉无法牢固固定，因此如何在骨质疏松部位打牢地基是目前临床上亟待解决的重要问题。本案例引入××医院一例复杂脊柱手术，使研究生深入理解骨水泥材料的基本概念与特征，通过丙烯酸改性制备了具有优异吸水膨胀性能、低凝固温度和弹性模量以及良好生物相容性的 P（MMA-AA）骨水泥，解决了临床上使用的骨水泥材料存在的放热灼伤和体积收缩等难题，明确该类生物医用材料研究的基本内容与设计路径，培养研究生科研创新思维，提高其新材料创新研发和工程实践的能力。

2.2.1 案例背景

2019 年，××医院骨科接诊患者王某，其患强直性脊柱炎 20 余年，胸腰椎已经自发融合贴到一起（图 2-8）。10 多年前病情加重，开始出现腰背部后凸畸形，身体逐渐弯曲。来院就诊时，已经出现严重驼背，脑袋下垂接近膝关节，无法平视前方，行走时“只见地、不见天”，睡觉也只能侧蜷，不能平躺。经医生接诊后，诊断为强直性脊柱炎后凸畸形，需要截骨矫形手术治疗。

脊柱后凸达到 96°，胸腰椎已经自发融合，局部结构非常复杂，矫形过程中，如出现截骨断端移位或大血管损伤，可能出现下肢瘫痪甚至死亡。主治医生团队联合实施“后路腰 1、腰 3 椎体截骨矫形内固定术”。患者脊柱后凸严重且僵硬，体位摆放困难，术中使用特制的后凸矫形床，便于矫形操作，实现最大限度矫形。强直性脊柱炎患者多合并骨质疏松（图 2-9），即使采用骨水泥强化，脊柱螺钉仍容易松动脱落，团队使用了自主研发的骨水泥螺钉，极大地提高了矫形能力，避免螺钉松动。历经 9 h，手术圆满成功。术后患者后凸畸形明显改善（图 2-10），第 4 天即下地活动。目前，患者已康复出院，迎接术后新生活。

图 2-8　2019 年××医院骨科接诊患者

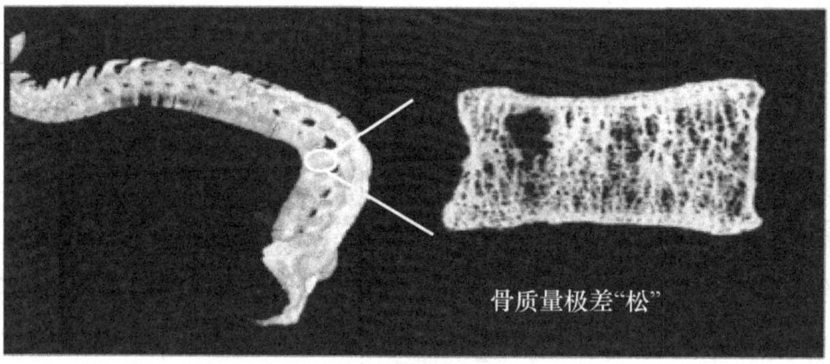

图 2-9　严重骨质疏松问题

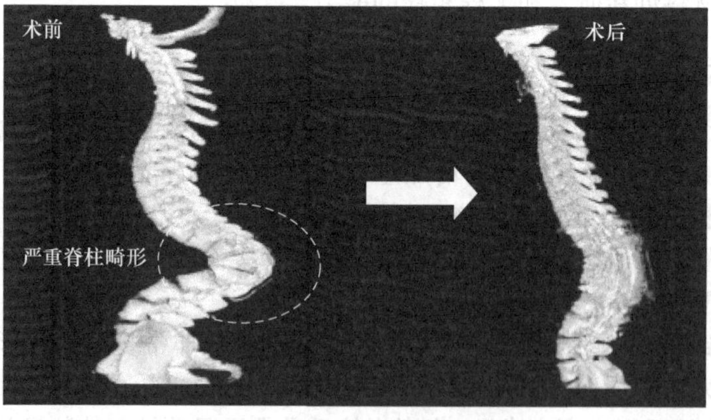

图 2-10　手术治疗效果示意图

2.2.2　案例分析

重度后凸畸形、严重骨质疏松、内固定失败翻修是脊柱外科难度最高、风险最大的手术，手术失败率高达 41.7%，因此被称为复杂脊柱手术。此类患者往往伴有强直性脊柱炎、类风湿等免疫代谢性疾病，导致骨质条件极差，骨质力学把持力下降132%，力学供给严重不足。更关键的是骨质疏松导致椎体空壳化，使得常规的骨螺钉无法牢固固定(图2-11)，松动率高达63%，因此如何在骨质疏松部位打牢地基是目前临床上亟待解决的重要问题之一。

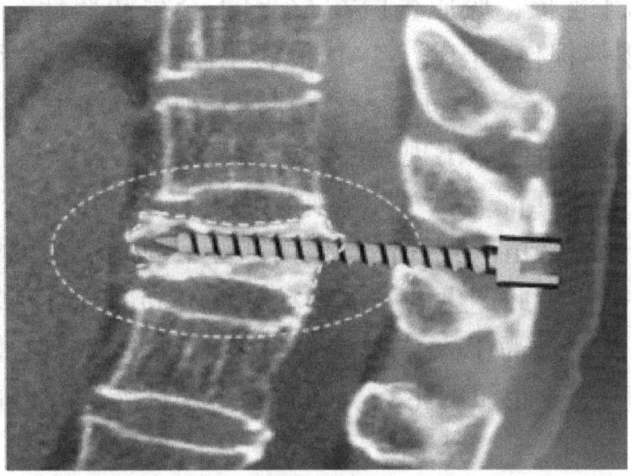

图2-11 骨质疏松部位骨螺钉极易松动

解决这一问题，必须用特殊材料打牢地基。骨水泥作为一种重要的人工骨修复材料，在临床上常用于填充骨质疏松部位和固定假体。骨水泥在发展过程中形成了两大体系：有机类的聚甲基丙烯酸甲酯骨水泥（PMMA）和无机类的磷酸钙骨水泥（CPC），磷酸镁骨水泥（MPC）以及硫酸钙骨水泥（CSC）。虽然无机类骨水泥具有良好的生物相容性，但是其固化时间长，黏结性能差，抗水性能及抗溃散性能差，崩解的块体容易造成血管堵塞，机械性能难以与人体正常骨相匹配，造成使用领域局限性大。因此，目前全球临床中仍将易于注射、快速成型、可塑性较好、对医生技术和骨质情况允许有一定偏差容限的PMMA骨水泥作为“黄金标准”对患者进行治疗。但PMMA骨水泥在体积收缩、聚合温度过高及力学性能与人骨不匹配等方面存在显著局限性，这些问题直接影响了其在临床上的长期稳定性和安全性。

(1) 体积收缩。PMMA骨水泥并不能单独的由单体甲基丙烯酸甲酯（MMA）制备，这是因为聚合过程中的收缩率约为21%，而PMMA骨水泥聚合时的体积收缩率3%~5%，此外含有抗生素的PMMA骨水泥体积收缩率在2.5%~2.8%。造成这一现象的原因是甲基丙烯酸甲酯的密度（0.9378 g/mL）小于聚甲基丙烯酸甲酯的密度（1.18 g/mL），因此在骨水泥聚合反应前后质量守恒的情况下，反应前的体积大于反应后的体积。PMMA骨水泥的体积收缩会影响其在人体空腔内的填充效果，对骨与假体之间的固定产生消极的作用，当收缩率较大时，甚至会在骨与假体之间产生微裂纹，诱发假体的无菌性松动，从而影响其在人体内的长期稳定性。此外，体积收缩产生的裂纹会影响力在骨与假体之前的传导，由此产生的残余应力会降低骨水泥与骨组成的整体的弹性模量。因此为了改善PMMA骨水泥在人体内的长期稳定性，体积收缩成为PMMA骨水泥的研究中急需解决的问题。

(2) 聚合温度过高。在PMMA骨水泥固液相发生聚合反应的初期，骨水泥的温度变化较慢，此后温度随着面团黏度的增加而逐渐提高。由于单体MMA在一种不含溶剂的物质中聚合时发生了凝胶效应，因此反应温度会发生急剧的增长，迅速达到最高温度。单体

MMA 的碳碳双键在聚合反应过程中能够释放 52 kJ 的热量。在聚合反应过程中当两个活性自由基链末端接触时，将会失活形成聚合物链，单体耗尽，聚合反应终止。聚合反应热量与填充部位的骨组织结构，环境温度以及骨水泥自身的初始温度、体积、厚度等因素相关。厚度为 3 mm 和 10 mm 的 Simplex 骨水泥的最高凝固温度分别为 60 ℃和 107 ℃。在 50 ℃下骨组织即可出现坏死现象，胶原蛋白在 56 ℃下会失活变性，而神经组织对温度更为敏感，在 43 ℃下会出现热损伤。因此，PMMA 骨水泥在固定假体和填充骨缺损的使用中，固化过程中短暂的温度高峰将会对骨质、关节软骨、神经、皮肤以及其他组织造成热损伤甚至热坏死，并且会导致关节假体出现无菌性松动。

（3）力学性能与人骨不匹配。骨水泥的弹性模量（约 2.4 GPa）介于人体松质骨和皮质骨弹性模量之间，由于通常植入到人体骨损伤部位，因此较高的模量对人体正常骨组织造成一定程度的摩擦磨损，由此产生的磨损颗粒会促进局部炎症活动，导致出现髋关节置换术的慢性并发症。此外，远高于人体松质骨力学参数的 PMMA 骨水泥容易造成应力集中与应力遮挡现象，不利于骨组织的生长。同时，力学性能的不匹配在人体内产生的残余应力也可能导致骨损伤。

据统计，在骨科临床上使用骨水泥的关节和脊柱手术每年超 100 万台，预计年手术量仍将以每年 20%~30%的速度增长。随着国家医保政策的日益完善，惠及面不断扩大，与手术相配套的关节骨水泥和脊柱骨水泥市场需求亦呈现出显著增长态势。当前，PMMA 骨水泥作为填充骨质疏松区域的主流选择，在临床应用中扮演着关键角色。因此，解决 PMMA 骨水泥在临床使用中暴露出的三大问题以促进其进一步临床应用迫在眉睫。PMMA 骨水泥“升级”的大方向虽然确定了，但如何落地实施？从何处着手实践？

2.2.3 PMMA 骨水泥创新探索

为了解决 PMMA 骨水泥在临床应用中的痛点问题，高校科研团队携手××医院，针对 PMMA 骨水泥的 3 个关键难题开展联合攻关。“我认为可以对 PMMA 骨水泥的固相或液相进行改性来提高其亲水性。这种改性的 PMMA 骨水泥在注射入人体后，可以吸收血液或体液中的水分发生体积膨胀，这不仅能够解决其体积收缩问题，还能够降低聚合时产生的热以及骨水泥的弹性模量，实现一石三鸟的效果。”团队首席科学家的提议给攻关行动指明了方向。

在综合分析改性骨水泥相关资料的基础上，××医院医生指出，在 PMMA 中引入丙烯酸（AA）是很好的破局点。AA 为含有亲水羟基基团的活性单体，具有良好的亲水性，用其改性 PMMA 来形成吸水通路并赋予骨水泥吸水膨胀性能是可行的。因此，团队通过溶液聚合法，将含有亲水基团的 AA 与 MMA 进行共聚反应，制得了具有吸水膨胀性能的 PMMA-PAA 微球，再将其与 PMMA 混合均匀作为吸水膨胀骨水泥的固相，以甲基丙烯酸甲酯作为液相，注射得到 P（MMA-AA）骨水泥。经过吸水性能实验验证，团队发现，具有不同羟基含量的 P（MMA-AA）骨水泥在模拟体液（SBF）中具有较好的吸水倍率，表现出明显的吸水膨胀行为（图 2-12），这一设计有效解决了 PMMA 注射后“体积收缩”的问题。团队秉承着创新和严谨的思维，采用 Micro-CT 技术深入观察了骨水泥内部结构，发现 P（MMA-AA）聚合物在骨水泥内部形成了贯穿整体的吸水通路。这一独特结构不仅显著增强了材料亲水性和吸水能力，更从微观尺度揭示了骨水泥吸水膨胀行为的结构基础。

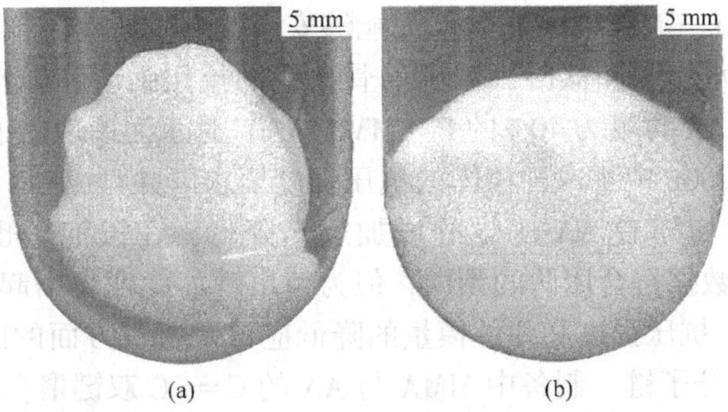

图 2-12 P（MMA-AA）骨水泥吸水膨胀行为

（a）吸水前；（b）吸水后

随着前期工作的顺利推进，团队开始探究如何降低 PMMA 骨水泥的凝固温度。团队通过进一步改变 P（MMA-AA）中 AA 含量，实现了对 P（MMA-AA）骨水泥凝固特性的精准调控。AA 的加入不仅降低了反应热、减缓了凝固速率，还通过其良好的导热性促进了热量的有效散发，使得最高凝固温度显著降低至（68.9±1.8）℃，远低于传统 PMMA 骨水泥的（105.4±3.2）℃，符合 ISO5833-2002 标准对于最高凝固温度［<(90±5)℃］的要求。这一转变有效避免了过高的反应热使人体正常组织灼伤的潜在风险。同时，不同 AA 含量的 P（MMA-AA）骨水泥的凝固时间也延长至 13.5~23.1 min，为临床骨水泥搅拌、注射等操作提供了更充裕的时间窗口（图 2-13），也有助于提高 P（MMA-AA）骨水泥吸水膨胀性能。

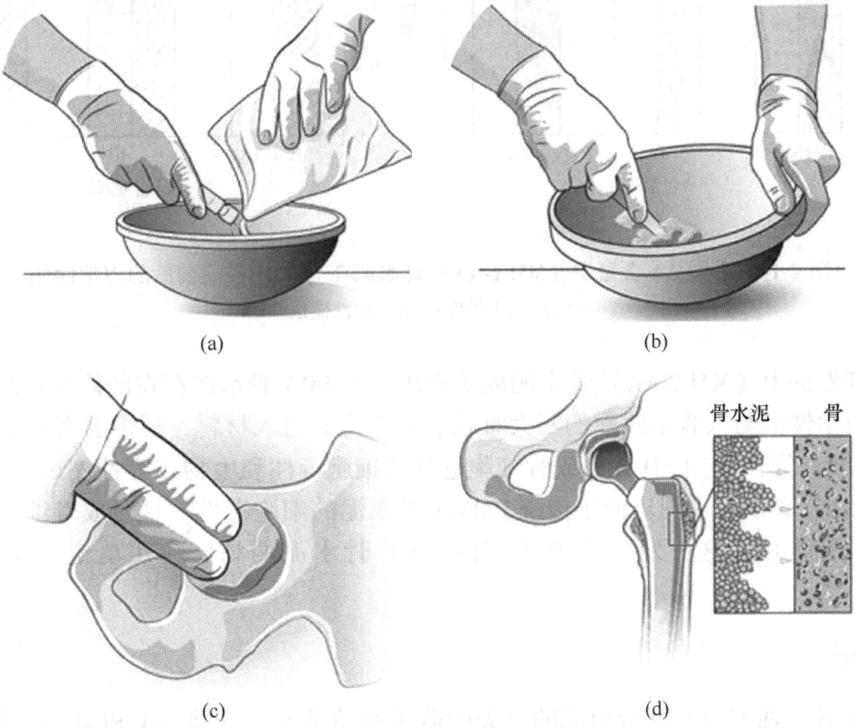

图 2-13 骨水泥的搅拌及应用过程

（a）准备骨水泥粉末；（b）混合并搅拌骨水泥；（c）将骨水泥填充至骨骼缺损处；（d）填充后的骨水泥形貌

为了确保研发的 P（MMA-AA）骨水泥能够安全、有效地应用于临床，攻关团队精益求精，评估了兼具吸水膨胀和低凝固温度的骨水泥的抗压强度和弹性模量，如图 2-14 所示。在 SBF 浸泡前，AA 含量为40%的 P（MMA-AA）骨水泥展现出了约 70 MPa 的抗压强度，符合 ISO 5833—2002 中手术种植体的抗压强度要求。并且，P（MMA-AA）骨水泥的弹性模量与抗压强度均随着 AA 含量的增加逐渐降低，在浸泡后也会降低，并且低于 PMMA 骨水泥。测试数据符合团队的预期，但为何出现如此变化引起了大家的关注。“我认为，P（MMA-AA）抗压强度和弹性模量的降低应该是由三方面的因素引起的：PAA 部分取代刚性的 PMMA 分子链，制备中 MMA 与 AA 的 C ═ C 双键聚合减少固液反应有效成分，以及 P（MMA-AA）作为第二相与基体的界面裂纹扩展减损性能。此外，在 SBF 浸泡后，水分子破坏聚合物的分子键，加剧了 P（MMA-AA）骨水泥力学性能的下降”。团队中一位骨干成员的解释获得了大家的一致认同。P（MMA-AA）骨水泥在浸泡前后的抗压强度数值仍介于松质骨和皮质骨之间，达到与人骨力学性能接近的水准，但其更低的弹性模量却能有效避免对周围骨组织的摩擦磨损和二次骨折风险。在刚与柔之间，团队通过优化 AA 含量找到了 P（MMA-AA）力学性能的平衡之道。

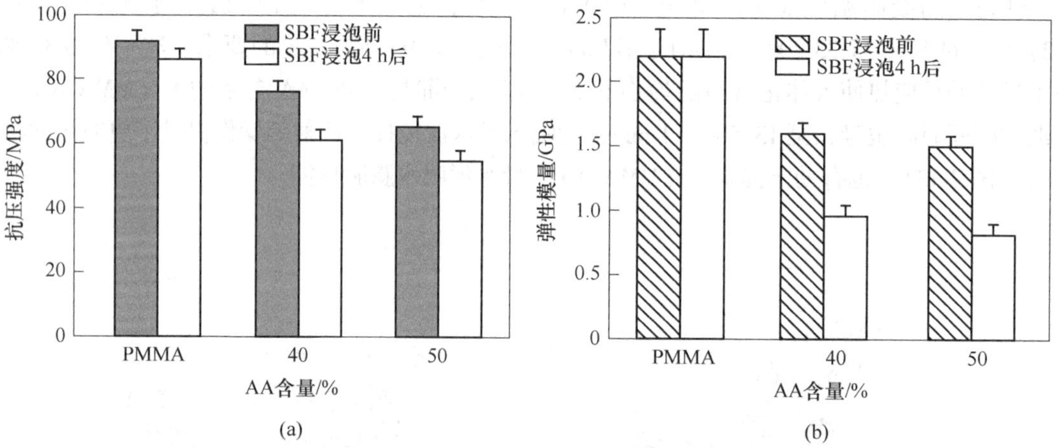

图 2-14 不同 AA 含量 P（MMA-AA）骨水泥在 SBF 中浸泡前后的力学性能

（a）抗压强度；（b）弹性模量

团队开发的 P（MMA-AA）骨水泥成功解决了 PMMA 骨水泥存在的体积收缩、凝固温度过高、力学性能与人骨不匹配的三大难题。但作为骨植入材料，还需要考虑其生物安全性（图 2-15）。团队利用 SD 大鼠成骨细胞进行了细胞毒性和生物相容性测试。结果显示，P（MMA-AA）骨水泥表现出低于传统 PMMA 骨水泥的细胞毒性，且对成骨细胞的增殖和黏附具有积极作用。这一发现为 P（MMA-AA）骨水泥的临床应用奠定了坚实的安全基础。

2.2.4 结语

以××医院和西安高校联合组成的攻关团队采用溶液聚合法将 AA 和 MMA 通过化学接枝形成 P（MMA-AA）聚合物，与商用 PMMA 骨水泥混合后得到具有优异吸水膨胀性能、低凝固温度和弹性模量以及良好的生物相容性的 P（MMA-AA）骨水泥，解决了临床上

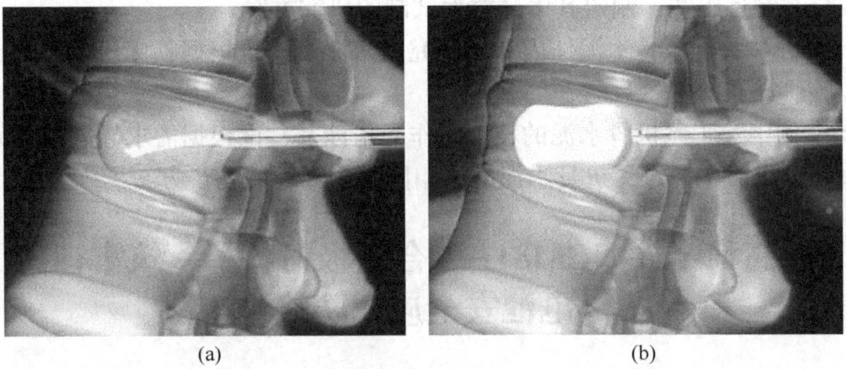

图 2-15 骨水泥在体内注射和填充示意图
(a) 注射骨水泥示意图；(b) 骨水泥填充效果

PMMA 骨水泥使用时存在的 3 个主要问题。然而，PMMA 骨水泥改性的故事远未结束。未来仍将对 P（MMA-AA）骨水泥开展放大验证和体内评价研究，以求确保材料安全、优化材料性能，并推进临床应用。

2.2.5 案例使用说明

2.2.5.1 适合课程

生物医用材料、生物材料、材料科学前沿与新技术、高分子材料改性等。

2.2.5.2 理论依据与关键要点

A 理论依据

(1) 材料设计理论：材料设计的目的、材料设计的依据、新材料的功能。

(2) 化学改性理论：化学改性的目的、化学改性的作用、化学改性手段选择的依据。

B 关键要点

(1) 骨水泥的组成、分类、性能及应用需求。

(2) 具备识别、分析和解决生物医用材料临床难题的能力。

2.2.5.3 分析思路

教师可以根据自己的教学目标、教学方法和学员的实际情况灵活使用本案例，以下提供一些分析思路，仅供参考。

通过引入医院一例复杂脊柱手术，分析手术对骨水泥材料性状和性能的需求，使研究生深入理解骨水泥材料的基本概念与特征，明确 PMMA 骨水泥在临床应用中的局限性。然后，针对骨水泥三大问题，设计并实施引入丙烯酸（AA）对 PMMA 骨水泥进行改性的方案，旨在通过化学接枝形成具有吸水膨胀性能的 P（MMA-AA）聚合物，并进行吸水性能、凝固特性、力学性能及生物相容性等实验验证，使研究生掌握解决临床上使用的骨水泥材料在放热灼伤和体积收缩等难题的基本思路，培养研究生科研创新思维，提高其新材料创新研发和工程实践的能力。最后，总结 P（MMA-AA）骨水泥的改性成果，提出未来研究方向和应用前景。

2.2.5.4 思考题

(1) 此案例中关于该骨水泥材料研发放大验证研究尚未涉及，试根据该案例实验室研究确定的成分与制备工艺，制定其中试放大试制的研究方案。

（2）此案例中关于该骨水泥体内评价研究尚未涉及，试根据临床研究要求，明确其体内评价的实验研究及其主要目的。

（3）此案例中关于无机骨水泥的相关工作尚未涉及，试根据需求导向指导原则，结合本案例解决问题思路，拟定无机骨水泥解决相同临床问题的初步方案。

2.3 高稳定性 NCM811 复合正极材料——筑牢锂离子电池安全应用防线

在新能源汽车和大规模储能系统中，锂离子电池因其高能量密度、长循环寿命和环境友好性而受到广泛关注。但是电池的安全性和性能稳定性问题逐渐凸显，尤其是电池在高温、过充或机械损伤等极端条件下可能发生热失控，引发安全事故。因此，提高锂离子电池的安全性和稳定性成为研究人员亟待解决的问题。

本案例通过单金属氧化物（Bi_2O_3 和 TiO_2）包覆技术，获得高稳定性 NCM811（镍钴锰三元材料）正极材料，其能有效改善电池的结构稳定性和电化学性能，为锂离子电池技术的进一步发展提供了新思路。该案例旨在培养研究生的科研思维和创新能力，为他们在电池技术领域的深入探索奠定坚实基础。

2.3.1 案例背景

在当今社会，锂离子电池作为新能源存储技术的标志性代表，已经深度渗透到多个领域。这种电池不仅引领了便携式电子设备的革命性发展，还成为推动电动汽车及大规模储能系统进步的核心驱动力（图 2-16）。在中国，新能源汽车市场的蓬勃发展尤为引人注目，中国汽车工业协会的数据显示，2023 年我国新能源汽车产量与销量双双突破九百万大关，分别达到 958.7 万辆与 949.5 万辆，同比分别增长 35.8%和 37.9%。在 2024 年的前五个月，新能源汽车累计销量已跃升至 389 万辆，同比增长 32.5%，这充分显示出市场的强劲活力以及消费者对绿色出行的热切追求。

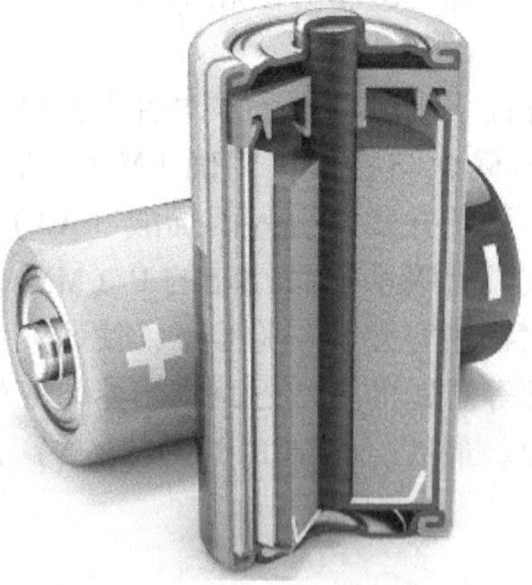

图 2-16 锂离子电池示意图

在新能源汽车的电池技术方面，磷酸铁锂（LFP）动力电池在中国的装车占比接近七成，尤其在中低端车型中表现尤为突出。以比亚迪为例，该公司多款车型广泛使用磷酸铁锂电池（图 2-17）。此外，比亚迪的刀片电池技术更是在磷酸铁锂电池基础上的一个重要的创新，这一技术显著提高了 LFP 电池的能量密度与续航里程，使其能够与高端的三元锂电池相媲美，展现了技术创新的巨大潜力。磷酸铁锂等锂离子电池在新能源汽车中的广泛应用有助于减少对化石燃料的依赖，降低温室气体排放，对实现可持续发展目标具有重要意义。此外，锂离子电池的环保特性和循环再利用的可能性进一步降低了对环境的负面影响。

图 2-17 锂离子电池在新能源汽车中的应用

然而，锂离子电池的失效问题也逐渐引起了业界的关注。锂离子电池失效原因包括过充电、过放电、短路、高温、挤压和撞击等多种因素，这些诱因会导致电池性能下降甚至出现安全隐患。一个典型案例是 2024 年 9 月于南京南站附近道路上有一辆小米 SU7 汽车发生交通事故，事故发生后出现车辆冒烟的情况（图 2-18）。经过调查发现，撞击导致电池底部严重受损，怀疑是电池内部因撞击发生局部短路，从而出现短时冒烟和明火并向下泄压。这一事件不仅影响了该品牌的市场形象，也使消费者对电动车的安全性产生疑虑。因此，电池安全性的问题在新能源车的推广中显得尤为重要。

图 2-18 小米 SU7 电池起火

2.3.2 案例分析

锂离子电池作为电动汽车领域的核心动力源，其应用成效显著，不仅推动了绿色出行方式的普及，还为实现全球可持续发展目标贡献了重要力量。然而，尽管锂离子电池展现出巨大的应用潜力和市场价值，其在实际应用中的电池失效问题却不容忽视。锂离子电池失效的内在原因和机理是复杂且多方面的（图 2-19）。正极材料作为锂离子电池性能的关键决定因素之一，其稳定性直接关系到电池的容量保持与循环寿命。其中，正极材料的结构失效是一个关键问题。在电池充放电过程中，正极材料可能会发生晶格畸变，导致颗粒破裂或电极材料的相变，这些都会影响电池的容量和循环稳定性。以富镍层状正极材料为例，其在高电压工作环境下，易发生相变和结构退化，直接导致电池的电化学性能衰退。钴酸锂是另一类重要正极材料，当电池处于充电状态时，钴酸锂内部过渡金属与氧之间的不均匀静电排斥作用会引发不可逆的相变。这种相变会导致内应力的积聚，最终导致材料结构的坍塌，从而引起容量的快速衰减。此外，随着充放电循环次数的增加，钴酸锂的层状结构也会逐渐发生变化，进一步加剧电池性能的衰退。除结构失效以外，正极材料在充电态下的强氧化性也是一个不容忽视的安全隐患。特别是在高温环境下，正极材料容易分解并释放氧气，一旦与电解液发生反应，将迅速提升电池内部温度，极端情况下甚至可能触发热失控，对车辆及乘客安全构成严重威胁（图 2-20）。因此，提升锂离子电池正极材料的稳定性不仅是对电池技术进步的迫切需求，更是保障电动汽车行业健康、可持续发展的关键所在。

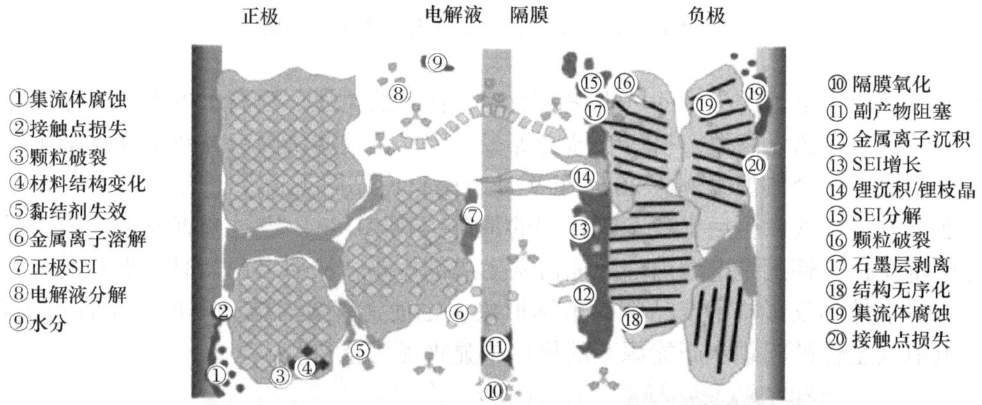

图 2-19 锂离子电池结构失效示意图

图 2-20 锂离子电池热失控图

2.3.3 单金属氧化物包覆 NCM811 正极材料优化锂离子电池性能

NCM811（镍钴锰三元材料，图 2-21）正极材料以其高能量密度的优势，在锂离子电池领域占据了举足轻重的地位。然而，正如所有高性能材料所面临的困境，它也有着不容忽视的短板——在循环使用过程中，材料容易发生相变和结构退化，导致电池性能逐渐下滑，寿命缩短。科研人员深知，要突破这一瓶颈，就必须从材料的本质入手，寻找一种能够稳固其结构、延长使用寿命的方法。

图 2-21　镍钴锰三元材料

在一次次的实验与讨论中，某高校科研团队灵感闪现——为何不尝试在 NCM811 表面覆盖一层“保护膜”，以此来隔绝它与电解液的直接接触，减少有害副反应的发生呢？经过广泛调研，他们最终将目光投向了单金属氧化物包覆技术，选择氧化铋（Bi_2O_3）和二氧化钛（TiO_2）作为候选材料，开始了他们的改性实验。

实验的第一步，是确保包覆层物质的相纯度和结晶性。研究团队将氧化物溶胶作为原料，通过旋蒸法和热处理工艺合成了 Bi_2O_3 和 TiO_2。通过 X 射线衍射测试，研究者发现这些包覆层物质不仅纯度高，而且结晶性极佳，这为后续的实验奠定了坚实的基础。接下来，团队通过精准控制旋蒸和热处理条件，分别将 Bi_2O_3 和 TiO_2 均匀且完整地包覆在 NCM811 颗粒表面。他们通过扫描电子显微镜和透射电子显微镜表征发现原本光滑平整的 NCM811 表面，如今已被一层粗糙且坚实的氧化物覆盖，仿佛穿上了一层坚固的铠甲。这种形貌变化对提升锂离子电池的性能具有重要影响。

当改性后的 NCM811 被制成锂离子电池正极，并经过一系列电化学性能测试时，其表现令人振奋。放电微分容量-电压曲线的对比，直观展现了包覆改性的巨大成效（图 2-22）。原始 NCM811 在循环过程中，其电化学性能快速衰退，而经过 Bi_2O_3 和 TiO_2 包覆的样品，则展现出了更加稳定的性能曲线。特别是循环 100 次后，它们的放电微分容量依然保持较高水平，远胜于未改性的 NCM811。

NCM811 稳定性的蜕变得益于包覆层的多重作用。团队带头人表示，单金属氧化物包覆对 NCM811 锂离子电池正极材料性能的促进机理主要体现在以下几个方面：（1）抑制副反应：包覆层减少了 NCM811 表面与电解液的直接接触，从而抑制了副反应的发生，如 HF 的侵蚀和界面阻抗的增加。这有助于保持 NCM811 表面结构的完整性，减少微裂纹和二次应变的产生，提高电池的循环稳定性和容量保持率。（2）促进锂离子扩散：Bi_2O_3 和 TiO_2 半导体材料具有独特的电子结构和化学性质，有助于促进锂离子的快速扩散。这种效

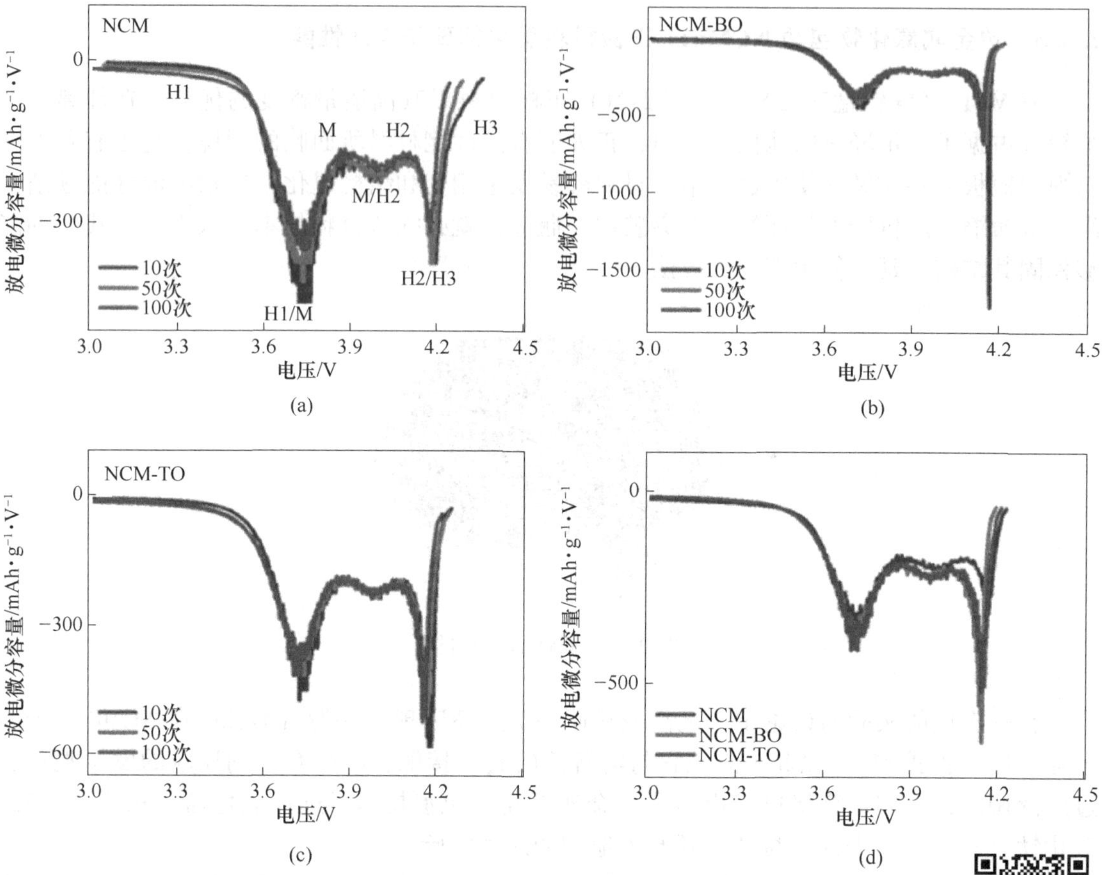

图 2-22 改性前后样品的充放电曲线

(a) NCM811；(b) NCM-Bi_2O_3；(c) NCM-TiO_2 放电微分容量-电压（dQ/dV）曲线；(d) 三者循环 100 次后的 dQ/dV 曲线

扫码看彩图

应有助于减少充放电过程中的极化现象，提升电池的倍率性能和快速充放电能力。(3) 保护晶体结构：包覆层作为一层保护层，可能通过界面效应来减少高镍三元材料在循环过程中的相变和结构变化。这种保护作用有助于保持材料的晶体结构稳定性，提高电池的循环寿命和安全性。(4) 调控元素化学状态：尽管包覆层未显著改变基体材料的元素价态，但包覆层与基体材料之间的相互作用可能通过微环境效应来调控元素的化学状态，进而影响材料的电化学性能。

因此，单金属氧化物包覆作为一种有效的改性手段，为提升 NCM811 锂离子电池正极材料的稳定性提供了新的思路和方法。未来的研究可以进一步探索不同包覆材料、包覆厚度以及包覆工艺对电池性能的影响，以优化包覆策略并推动锂离子电池技术的发展。

2.3.4 结语

高校研究团队通过单金属氧化物（Bi_2O_3 和 TiO_2）包覆技术，成功实现了 NCM811 正极材料的稳定性能优化。包覆层有效隔绝了 NCM811 与电解液的直接接触，减少了副反应的发生，促进了锂离子的快速扩散，并保护了晶体结构的稳定性。包覆后的 NCM811 正极材料在循环稳定性、容量保持率及倍率性能上均显著提升。因此，单金属氧化物包覆技术是一种有效的改性手段，对于提升锂离子电池正极材料的综合性能具有重要意义。

2.3.5 案例使用说明

2.3.5.1 适合课程

材料物理化学及其工程应用、材料表面工程、锂离子电池技术、材料改性技术、电化学原理与应用等课程。

2.3.5.2 理论依据与关键要点

A 理论依据

(1) 正极材料的结构与性能关系。

(2) 表面化学与界面工程：表面改性技术通过改变材料表面的化学组成和结构，改善材料的性能。单金属氧化物包覆技术正是基于这一原理，通过形成稳定的包覆层来隔绝正极材料与电解液的直接接触。

(3) 电化学原理：锂离子电池的工作原理涉及锂离子在电极材料中的嵌入和脱嵌过程，以及电极与电解液之间的电化学反应。通过改性正极材料，可以优化这些过程，提高电池的性能。

(4) 材料科学与工程：材料科学提供了理解材料性能、结构和加工过程的基础理论。通过材料改性技术，可以调控材料的微观结构，从而改善其宏观性能。

B 关键要点

(1) 包覆层的选择：包覆层材料需具有良好的化学稳定性和电化学性能，且与基体材料之间具有良好的相容性。

(2) 包覆工艺的控制：精确控制包覆工艺参数，确保包覆层纯度高、结晶性好，均匀、致密且厚度适中。

(3) 性能测试的全面性：通过多种电化学性能测试手段（如放电微分容量-电压曲线、循环稳定性测试、倍率性能测试等），全面评估包覆改性效果。

(4) 安全性的考虑：在实验过程中严格遵守安全操作规程，确保实验人员和设备的安全。

2.3.5.3 分析思路

教师可以根据自己的教学目标、教学方法和学员的实际情况灵活使用本案例，以下提供一些分析思路，仅供参考。

首先明确锂离子电池在极端条件下存在的安全性和性能稳定性问题，特别是正极材料的结构失效和热失控风险，使研究生掌握锂离子电池的基本结构、工作原理及主要组成材料。然后，讲解当前锂离子电池正极材料改性技术的研究进展，提出单金属氧化物包覆技术作为改善正极材料性能的可行方案，培养和提高研究生在科研过程中的分析问题、解决问题的能力。接着，从包覆材料的选择、包覆工艺的优化以及电化学性能测试等方面介绍实验方案，揭示包覆层对正极材料性能的影响机制，并评估其在实际应用中的潜力。最后，总结研究成果，提出锂离子电池未来研究方向和应用前景，拓宽研究生专业视野。

2.3.5.4 思考题

(1) 为什么 NCM811 正极材料在循环过程中容易发生性能衰退？

（2）单金属氧化物包覆技术是如何提升 NCM811 正极材料性能的？请列举至少三种作用机理。

（3）在实际应用中，除单金属氧化物包覆外，还有哪些方法可以提升锂离子电池正极材料的性能？

（4）在实际应用中，如何平衡锂离子电池的能量密度、循环寿命和安全性之间的关系？

（5）固态电解质电池是下一代动力电池、安全电池的发展方向，你是如何理解的？

2.4 高性能 BNT 基陶瓷电容器——破解 MLCC 失效之谜

本案例基于陕西华星电子集团有限公司在多层片式陶瓷电容器（MLCC）生产与应用中遇到的失效问题，通过详细案例分析，探讨了 MLCC 在质量因素和使用环境因素作用下的失效机理，提出了从材料学角度解决 MLCC 失效问题的有效策略，并通过优化材料配方、改进结构设计、提升制造工艺等措施，成功开发出具有优异介电性能、宽温区工作能力及高可靠性的 BNT 基 MLCC。使研究生从中学习到解决陶瓷电容器失效的新方案和新思路，培养研究生创新思维，提高其新材料创新研发和工程实践的能力。

2.4.1 案例背景

陕西华星电子集团有限公司（以下简称“华星电子”，见图 2-23）成立于 1958 年，是我国第二个五年计划期间自主设计和建设的国家重点项目之一，同时也是国内三大电子元器件生产基地之一，公司涵盖了陶瓷电容器、微波介质陶瓷、铝基覆铜板等多个领域。产品广泛应用于航空航天、导航定位、5G 微波通信、电力、计算机及家用电器等行业。2020 年，华星电子面临着前所未有的挑战，特别是陶瓷电容器的失效问题，已成为企业关注的重点。

图 2-23 陕西华星电子开发有限公司

下面以两个具体案例为例。

2.4.1.1 机械应力导致的失效

华星电子的一款产品因市场客诉问题被召回。经初步排查，发现样机功耗异常增大，电池寿命提前耗尽（图 2-24）。进一步检测后，确认问题源自电路板上的一颗 0402 封装多层片式陶瓷电容器（MLCC）。该电容器的阻值减小，漏电流异常增大，最终导致了整个电路系统的故障。研究团队通过详细的失效分析流程，发现电容器右侧存在裂纹，且裂纹形貌符合机械应力导致的开裂特征（图 2-25）。经过深入排查，确认问题源于电路板紧固螺钉旁的机械应力作用。最终，通过规范螺钉紧固力矩和增加缓震措施，有效避免了类似问题的再次发生。

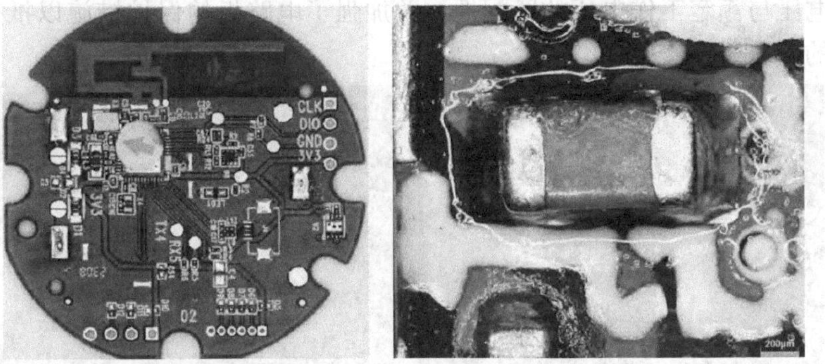

(a)　　　　(b)

图 2-24　失效电路板及失效电容外观照片

（a）失效电路板照片；（b）失效电容外观照片

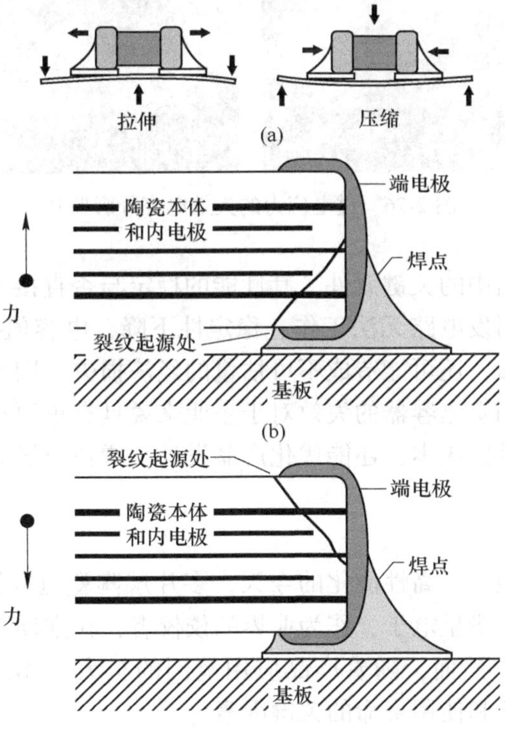

(c)

图 2-25　多片层陶瓷电容器受机械应力开裂示意图

（a）拉伸压缩时受力方向；（b）电容器受拉伸机械应力开裂；（c）电容器受压缩机械应力开裂

2.4.1.2 过电应力引发的灾难性后果

另一款电路板在上电后出现了烧板故障，失效点同样集中在陶瓷电容器附近（图 2-26）。研究团队对失效电容进行全面检测后，发现电容表面有明显的裂纹和烧蚀痕迹，阻值降至极低，存在严重短路问题。进一步切片分析显示，电容内部存在短路熔珠和蛛网状扩散的裂纹形貌，这是过电应力导致的典型失效特征。经排查分析，确认问题源于上电瞬间失效电容回路中的大纹波电流冲击。为避免类似问题再次发生，华星电子在器件选型时更加注重实际工作电压与额定工作电压的匹配性，并加强了电路板的保护措施以抵御浪涌和静电等电性应力的冲击。

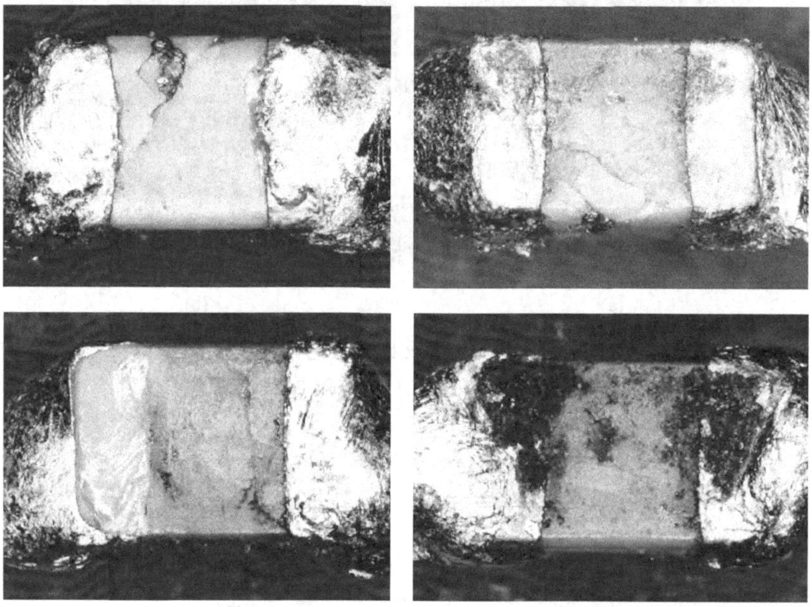

图 2-26 过电应力的失效电容外观照片

陶瓷电容器作为电路中的关键元件，其性能的稳定与否直接关系到整个电路系统的正常运行。一旦失效，将引发电路无法工作、稳定性下降、电容值变化等一系列严重后果，不仅影响产品的使用寿命，还可能造成不可估量的经济损失。因此，研究陶瓷电容器失效原因并从材料角度避免陶瓷电容器的失效对于企业来说具有重要意义，它不仅能够提高产品质量和可靠性，降低维修成本，还能优化产品设计，增强市场竞争力，促进技术创新。

2.4.2 案例分析

在电子产品日益微型化、高性能化的今天，多片层陶瓷电容器（MLCC）作为关键元件，其重要性不言而喻。华星电子，作为业界的佼佼者，在推动 MLCC 技术创新与应用拓展方面发挥着重要作用。然而，随着产品应用范围的扩大，MLCC 的失效问题也逐渐凸显，成为制约产品可靠性和使用寿命的关键因素。

华星电子研制的 MLCC 以其高精度、高频率、高可靠性、高集成度、低成本及低功耗等特性，在电子产品的稳压、滤波、退耦、耦合及信号传输等回路中得到了广泛应用。然而，陶瓷材料的硬脆性特点，使 MLCC 在生产、运输及使用过程中极易受到电应力、机械应力和温度等环境应力的综合影响，导致性能退化甚至失效。这不仅影响了产品的整体性能，还可能引发安全事故，给企业和用户带来巨大损失。

陶瓷电容器的制备工艺及工作环境的差异，均可引起陶瓷电容器的失效。宏观上看，陶瓷电容器失效一般分为制造质量因素和使用环境因素两种（图 2-27）。制造质量因素是 MLCC 失效的根源之一，主要包括内部质量缺陷，如分层、烧结裂纹及介质空洞。这些缺陷往往源于原材料选择、制造工艺控制及后处理工艺不当。例如，烧结过程中温度分布不均、压力控制不当或冷却速率过快，都可能导致裂纹产生。此外，介质材料中的杂质或气泡未能有效排除，也会形成空洞，影响电容器的电气性能。使用环境因素是导致 MLCC 失效的另一重要原因，主要包括温度应力、机械应力和过电应力。（1）温度应力主要由环境温度变化引起，如冷热交替、高温烘烤等，会导致材料热膨胀系数不匹配，从而产生应力集中和裂纹扩展。（2）机械应力则来源于外部冲击、振动及 PCB 板（印制电路板）变形等，直接作用于电容器本体，会造成物理损伤。通常机械应力对 MLCC 电容造成的破坏损伤主要表现为裂纹或破碎，外观上一般可以观察到相对明显的机械损伤痕迹（图 2-28）。MLCC 电容的机械应力损伤特征通常为：电容断裂、电容从一端向内部的扩散状裂纹、电容以端电极的贴装面向内部的 45°扩散裂纹（呈现“45°裂纹”，又称“倒三角裂纹”）等。这些裂纹不仅破坏了电容器的物理结构，还可能导致电气性能急剧下降，甚至完全失效。（3）过电应力由电路设计不合理、电压波动过大或瞬态过电压等原因引起，导致电容器内部电场分布不均，引发介质击穿或电极脱落。典型电应力陶瓷电容器开裂的原因主要包括焊接锡量不当、墓碑效应（即电容器在焊接过程中发生倾斜或移位）、陶瓷介质内空洞、电极内部分层、浆料堆积等（图 2-29）。

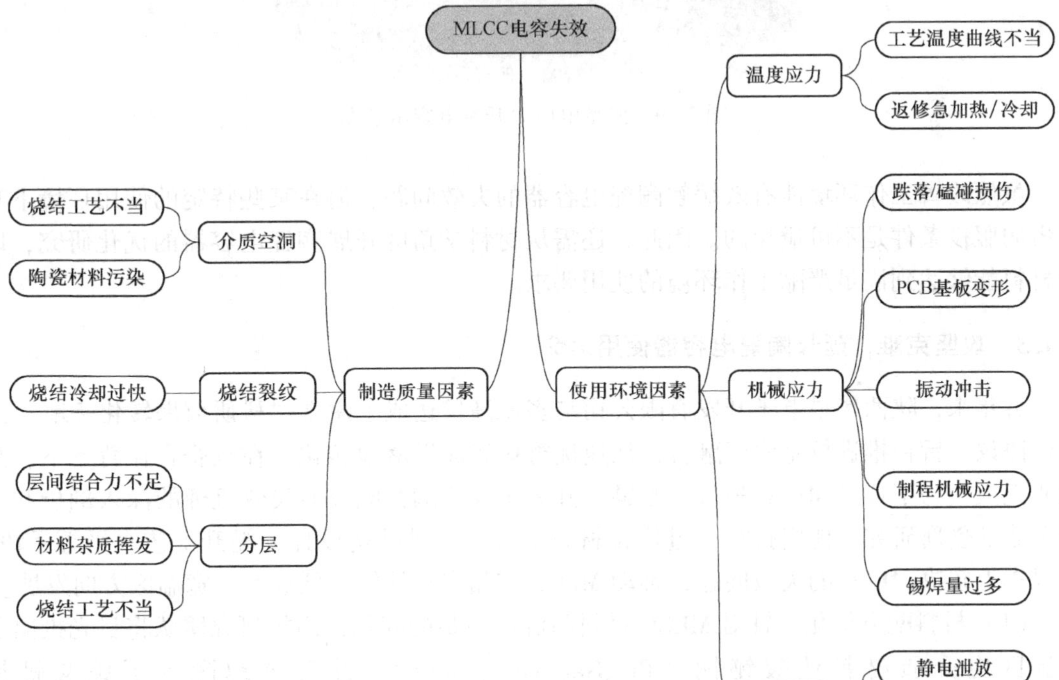

图 2-27　常见 MLCC 电容失效机理总结

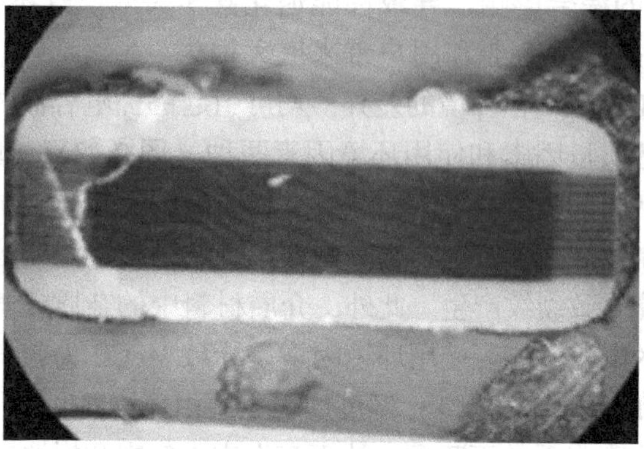

图 2-28 典型机械裂纹电容示意图

图 2-29 典型电应力开裂电容示意图

虽然改善工作环境能有效缓解陶瓷电容器的失效问题，但在某些特定的使用环境下其恶劣的服役条件是不可避免的。因此，还需从材料学角度开展陶瓷电容器的优化研究，以使材料能够达到满足严酷工作环境的使用要求。

2.4.3 攻坚克难，延长陶瓷电容器使用寿命

近年来，陕西华星电子开发有限公司与多家高校达成了建立“科研成果转化基地”的合作协议，旨在推进校企深度融合，加速优秀科研成果落地转化。在校企合作背景下，高校研究人员为了攻克 MLCC 失效的难题，开展了片式陶瓷电容器失效机理的深入剖析和防护策略的创新研究。他们打算通过优化材料配方、改进结构设计、提升工艺水平等手段，从根本上解决 MLCC 的失效问题，推动 MLCC 产品向高性能、低成本、宽温区方向发展。

（1）材料配方优化。针对 MLCC 材料耐温性不足的问题，高校研究团队将目光投向了宽温区电介质材料钛酸铋钠（$Bi_{0.5}Na_{0.5}TiO_3$，BNT），并巧妙地融入了铌酸锶钠（$Sr_{0.8}Na_{0.4}Nb_2O_5$，SNN）与铌酸钠（$NaNbO_3$，NN），采用传统的固相反应法制备出高介电宽温区的 BNT-xNN-0.01SNN 陶瓷（x=0.15、0.2、0.25、0.30）。他们通过精细调控 NN 的掺杂量研究了陶瓷的介电性能和储能性能的变化规律，发现 NN 改性后的陶瓷在−65～

360 ℃温区内具有较优异的介电性能与铁电性能，介电常数 $\Delta\varepsilon'/\varepsilon'_{25\,℃}\leqslant\pm15\%$，介电损耗 $\leqslant0.02$，储能密度为 $1.77\ J/cm^3$，击穿场强达到 153 kV/cm。

通过添加烧结助剂，团队将陶瓷烧结温度从常规的 1150 ℃大幅降低至 920 ℃，同时实现了晶粒的微细化和致密化，这一优化策略不仅提高了陶瓷的强度，还显著增强了其抵抗机械应力的能力。值得注意的是，经该工艺制备的陶瓷与在 1150 ℃下烧结的陶瓷具有相近的介电性能，但铁电性能得到了明显的提升。

（2）结构设计改进。为了进一步提升 MLCC 的耐用性，研究团队在结构设计上进行了大胆尝试。他们选取添加烧结助剂后的 BNT-0.25NN-SNN 陶瓷作为 MLCC 电容层间介质，采用流延法及低温共烧技术，成功制备了以纯 Ag 替代 Ag/Pd 作为内电极的 BNT 基 MLCC（图 2-30）。这一创新设计不仅降低了生产成本，还提高了 MLCC 的介电温度稳定性，将介电常数满足 $\Delta\varepsilon'/\varepsilon'_{25\,℃}\leqslant\pm15\%$ 与介电损耗 $\tan\delta\leqslant0.02$ 的温区进一步拓展为 −89 ~ 375 ℃（图 2-31）。

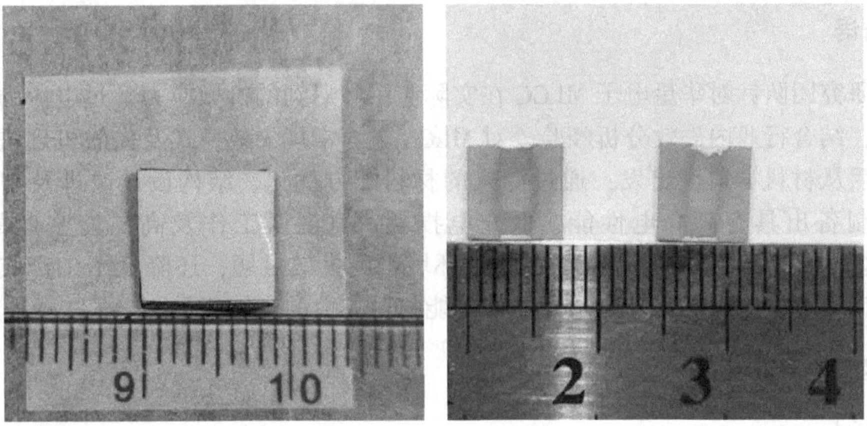

(a) (b)

图 2-30 MLCC 光学形貌图片

（a）MLCC 素坯；（b）烧结后的 MLCC

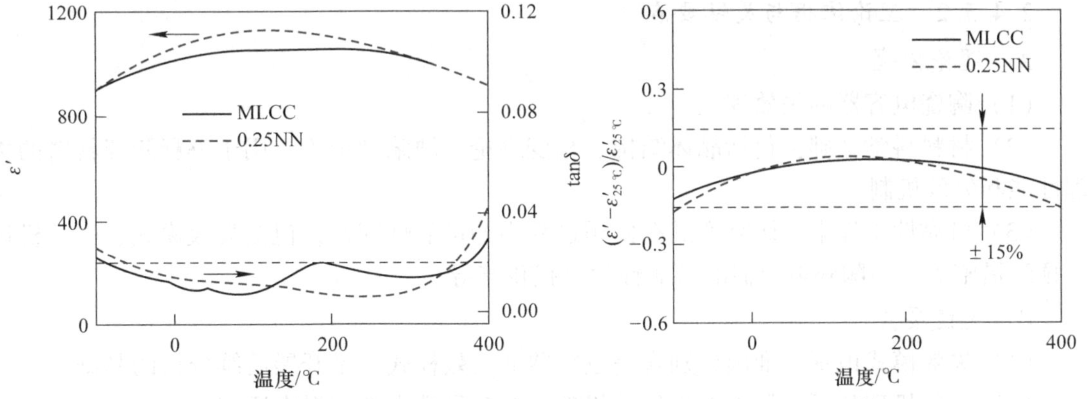

(a) (b)

图 2-31 添加烧结助剂的 BNT-0.25NN-SNN 陶瓷与 MLCC 电容器（1 kHz）

（a）ε' 和 $\tan\delta$ 随温度变化曲线；（b）$\Delta\varepsilon'/\varepsilon'_{25\,℃}$ 随温度变化曲线

（3）制造工艺优化。制造工艺的改进同样对 MLCC 的性能提升至关重要。研究团队在焊接过程中严格控制应力分布，采用新鲜锡膏并确保充分搅拌，避免锡膏黏度过高或锡粉氧化。同时，他们还注重 PCB 板的清洗和烘干处理，确保表面无污物及水分残留。这些措施有效降低了 MLCC 在制造过程中的失效风险。

通过一系列的材料配方优化、结构设计改进和制造工艺优化措施，研究团队成功解决了 MLCC 在复杂使用环境中的失效问题。他们制备的 BNT 基 MLCC 不仅具有优异的介电性能和储能效率，还具备宽温区工作的能力。这一研究成果不仅为低成本超宽温区 MLCC 的制备提供了新方向，也为电子工业的发展注入了新的活力。

随着电子技术的不断进步和应用场景的不断拓展，MLCC 的性能要求将越来越高。因此，持续深入的材料科学研究和技术创新将是推动 MLCC 产业发展的关键。高校与华星电子的合作研究为这一领域树立了典范，相信在未来会有更多类似的创新成果涌现出来，为电子工业的发展贡献更多智慧和力量。

2.4.4 结语

高校研究团队针对华星电子 MLCC 在实际应用中遇到的机械应力、过电应力等导致的失效问题，结合行业内失效分析经验，对 MLCC 电容常规失效模式及失效机理进行了总结梳理，随后从材料学角度出发，通过深入的材料配方优化、结构设计改进及制造工艺优化，成功制备出具有高介电性能、低介电损耗、宽温区工作及高储能密度的 BNT 基 MLCC。这一成果不仅解决了 MLCC 在复杂环境中的失效难题，还降低了生产成本，提高了产品的市场竞争力，是提升电子元器件性能与可靠性的有效途径。

2.4.5 案例使用说明

2.4.5.1 适用课程

材料科学与工程基础、功能陶瓷、电子元器件技术、材料失效分析、先进陶瓷材料等课程。

2.4.5.2 理论依据与关键要点

A 理论依据

（1）陶瓷电容器的失效理论。

（2）材料科学基础：包括晶体结构、相变理论、缺陷理论等，用于解释陶瓷材料的物理性能和失效机制。

（3）可靠性工程学：研究产品在使用过程中的可靠性问题，包括失效模式、失效机理及预防措施等，为陶瓷电容器的可靠性设计提供指导。

B 关键要点

（1）失效模式识别：准确识别陶瓷电容器的失效模式，是开展后续分析的基础。

（2）失效机理分析：深入剖析失效机理，明确导致失效的根本原因。

（3）多维度改进措施：从材料配方、结构设计、制造工艺等多个维度提出改进措施，以全面提升陶瓷电容器的性能。

（4）实验验证：通过实验验证改进措施的有效性，确保研究成果可靠性和实用性。

(5) 跨学科合作：加强校企合作，充分利用高校的研究资源和企业的工程经验，共同推动 MLCC 技术的创新发展。

2.4.5.3　分析思路

教师可以根据自己的教学目标、教学方法和学员的实际情况灵活使用本案例，以下提供一些分析思路，仅供参考。

首先，介绍华星电子陶瓷电容器的具体失效现象，并运用失效分析流程，包括外观检查、电性能测试、切片分析等，确定失效原因。其次，结合材料科学理论，分析失效机理，引导研究生掌握有关陶瓷电容器 MLCC 的失效难题的基本应对思路。最后，从材料配方、结构设计、制造工艺等方面提出改进措施，并进行实验验证，培养研究生科研思维和工匠精神，提高其新材料创新研发和工程实践的能力。

2.4.5.4　思考题

(1) 陶瓷电容器都有哪些类型？

(2) MLCC 是什么，其结构是怎样的，有什么特点？

(3) MLCC 都有哪些失效模式？请结合案例分析其成因，并提出预防措施。

(4) 讨论典型的 MLCC 电容失效案例能带来哪些启示？

(5) 如何通过材料配方优化、结构设计改进来提高 MLCC 的耐用性？

2.5　中间层改良的高硬耐磨铜基熔覆层——谱写选矿磨机衬板长寿篇章

磨机衬板在矿山机械领域应用时面临严苛挑战，如高冲击、磨料磨损、介质腐蚀等。为解决这些问题，引入电弧熔覆技术，在钢材表面生成高硬度、耐磨损的功能层，从而显著提升部件的耐磨性和硬度，延长使用寿命。中间层会对电弧熔覆层综合性能产生较大影响。因此，深入探究中间层对熔覆层微观结构及性能的具体影响机制，对于指导钢基材上电弧熔覆工艺的优化升级有重要意义。本案例通过对比实验，分析了 Cu-Ni-Nb-W 中间层对熔覆层宏观形貌、微观组织、硬度分布及耐磨性能的影响规律，揭示了中间层设计在电弧熔覆复合层中的关键作用，并开发出中间层改良的高硬耐磨铜基熔覆层。通过案例分析，使研究生掌握电弧熔覆技术基础知识，在理论学习基础上，理解技术应用的真实场景，增强实践能力和创新思维。

2.5.1　案例背景

在矿业开采的庞大产业链中，磨机作为核心设备（图 2-32），其性能卓越与否直接关乎矿石处理的效率与整体生产成本的控制。磨机通常会用在选矿环节。选矿是把矿石破碎磨细后，通过重选法、浮选法、磁选法、电选法等方法，将有用矿物与脉石矿物分离，并尽量使不同的有用矿物相互分离的过程。选矿工艺作为矿产品生产流程中的重中之重，一般会采用 SAB（半自磨+球磨）或者 SABC（半自磨+球磨+顽石破碎）工艺进行矿石的碎磨作业。以鹿鸣矿业公司的选矿流程为例（图 2-33），其作业流程紧密衔接，从采矿场取回的原矿石首先通过破碎机进行初步破碎，随后通过半自磨机进行初次磨碎作业，之后小粒径矿石进入球磨机进行二次研磨，大粒径的顽石则经过破碎机破碎后再次进入半自磨机，直至达到理想粒度。在这种持续作业下，磨机设备磨损成为常态。此外，在磨机作业时，需要往磨机内加入一定比例的钢球或钢棒，借助这些磨矿介质将矿石磨碎。然而，这些钢制介质在高速旋转与碰撞中产生的巨大冲击力，同样会对磨机内壁构成严峻挑战。为此，磨机衬板应运而生，作为保护磨机免受直接冲击与磨损的屏障，其重要性不言而喻。磨机衬板是磨机的主要耗材，据权威市场研究机构 Fortune Business Insights 的数据显示，全球磨机衬板市场规模已突破 19.2 亿美元（约合人民币 134 亿元），并预测未来将保持年均 5.3%的复合增长率，展现出强劲的增长潜力（图 2-34）。这一市场趋势的背后，是矿业行业对高效、耐用衬板材料的迫切需求，以及对生产成本控制与效率提升的永恒追求。

图 2-32 选矿球磨机

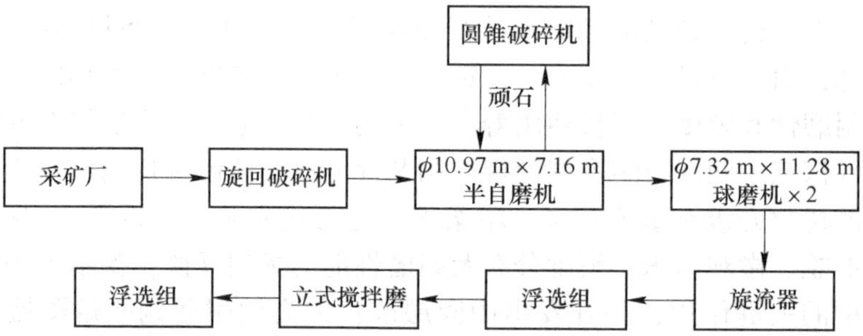

图 2-33 鹿鸣矿业选矿流程

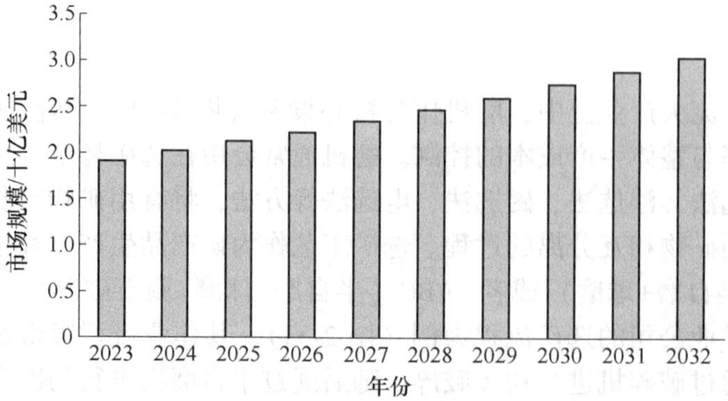

图 2-34 2023—2032 年全球磨机衬板市场规模预测图

磨机衬板，根据材质不同，可以分为金属衬板、橡胶衬板及复合衬板三大类，其中金属衬板以其技术成熟、应用广泛而占据主导地位。金属衬板材料的选择经历了从高锰钢到低合金耐磨钢，再到耐磨合金铸铁的演变历程，每一种材料的升级都旨在提升衬板的硬度、耐磨性、韧性及抗冲击能力。随着矿山开采向大型化、规模化方向发展，大型自磨机和半自磨机的应用日益广泛，这对磨机衬板提出了更为苛刻的要求。对于小直径球磨机而言，其工作环境相对温和，衬板大多是因磨损失效报废，使用寿命相对较长，可达 1 年。然而，在大直径半自磨机中，矿石与磨矿介质的冲击力成倍增加，对衬板的抗冲击性、耐磨性及韧性提出了前所未有的挑战。传统的金属衬板，如高锰钢衬板，虽具备较高的耐磨性，但在高冲击环境下极易变形破碎，不仅增加了停机维修时间，还显著抬高了运营成本(图 2-35)。例如，铜陵冬瓜山铜矿的 ϕ8.53 m×3.96 m 半自磨机在试用高锰钢衬板后，仅一个月便出现严重凸起变形，断裂螺栓像子弹一样射出，凸显了现有材料在大型设备应用中的局限性。

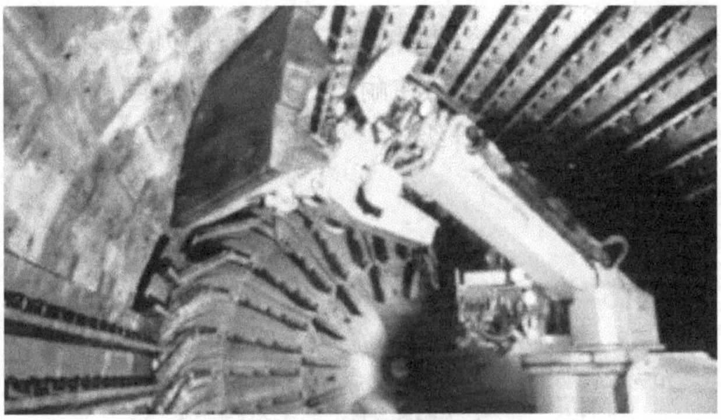

图 2-35 磨机更换衬板现场

2.5.2 案例分析

在矿山开采与矿物加工行业中，磨机作为关键设备，其性能直接关乎生产效率与成本效益。磨机衬板，作为直接接触矿石物料、保护磨机免受直接冲击与磨损的部件，其工作环境极为恶劣。矿石中的硬质颗粒、钢制磨矿介质，以及可能的腐蚀性介质，共同构成了对衬板材料的严峻考验。长时间运行下，磨机衬板不仅会出现严重的磨损，还可能因腐蚀而加速失效，这不仅影响磨机的正常运行，还大大增加了维护成本和中断生产的风险。

低合金钢因其良好的加工性、成本效益以及一定的力学性能，被广泛应用于磨机衬板等矿山机械部件的制造中。然而，随着现代矿山开采对设备性能要求的不断提高，低合金钢的局限性日益凸显。尽管其具有一定的硬度和强度，但在高磨损、高腐蚀的工作环境下，其耐磨性和耐腐蚀性能显得捉襟见肘。尤其是在处理硬度高、磨蚀性强的矿石时，低合金钢的磨损速度加快，寿命显著缩短，需频繁更换，这不仅增加了材料消耗，也影响了生产效率和经济效益（图 2-36）。

面对低合金钢在矿山机械领域的这一应用瓶颈，电弧熔覆技术以其独特的优势脱颖而出，成为解决磨机衬板磨损问题的有效手段。电弧熔覆技术是一种先进的表面工程技术，它通过在基体材料（如低合金钢、低碳钢等）表面熔覆一层具有高硬度、耐磨损、耐腐蚀

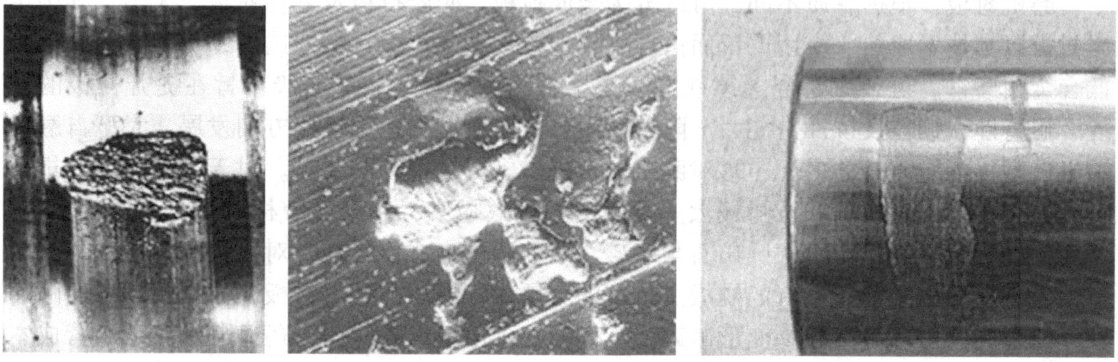

(a) (b) (c)

图 2-36 被磨损腐蚀的低合金钢表面

（a）ZGMn13；（b）Cr15MoZnCu；（c）ZG40SiMnCrMo

性能的材料，形成冶金结合的复合熔覆层，从而显著提升基材的表面性能（图 2-37 和图 2-38）。这一技术不仅克服了低合金钢在耐磨、耐腐蚀方面的不足，还保留了其原有的力学性能，实现了材料性能的优化与升级。

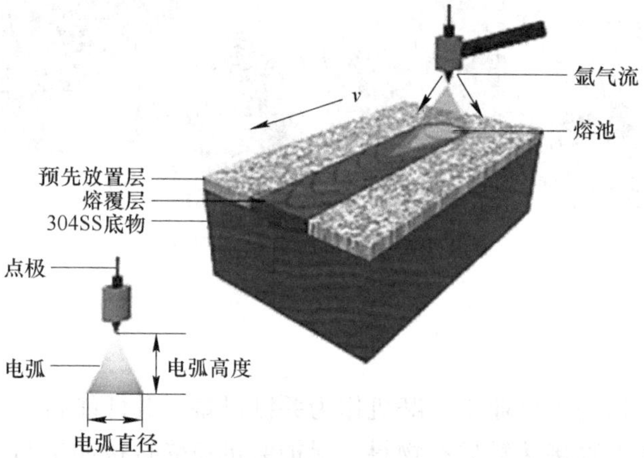

图 2-37 电弧熔覆示意图

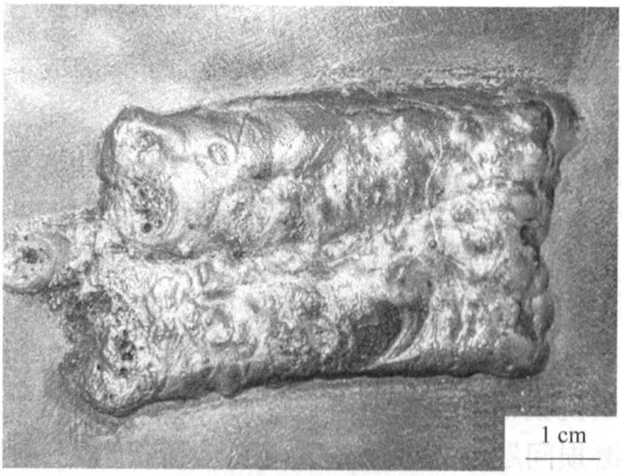

图 2-38 熔覆层形貌

在电弧熔覆过程中，中间层的使用起到了至关重要的作用，它作为基材与熔覆层之间的桥梁，其设计合理与否直接影响到熔覆层的结合强度、致密性以及整体性能。中间层材料凭借其优异的润湿性和对基材的强亲和力，不仅促进了熔覆材料与基材之间的紧密结合，有效降低了残余应力，还显著增强熔覆层的耐久性。此外，中间层还是耐磨损和耐腐蚀特性材料的承载平台，进一步拓展了熔覆层的功能性。通过精细设计中间层的成分与结构，能够显著提升熔覆层的综合性能，使其在面对矿山机械等复杂恶劣工作环境时展现出更强的适应性和可靠性。因此，深入探究中间层对熔覆层微观结构及宏观性能的具体影响机制，对于指导钢基材上电弧熔覆工艺的优化升级，提升产品质量与性能，具有不可估量的重要价值和实际意义。

2.5.3 中间层改良熔覆层的探究给钢材带来新机遇

为了揭示中间层如何巧妙地影响熔覆层的性能，高校研究人员设计了 W_2C-NbC 增强铜基复合熔覆层的实验。他们首先制备了两种熔覆层样品：1 号熔覆层作为对照组，仅包含上部的 Cu-W_2C-NbC 复合层；2 号熔覆层则在 1 号熔覆层基础上创新性地加入了 Cu-Ni-Nb-W 中间层。

通过金相显微镜，研究人员对比了两种熔覆层的宏观形貌（图 2-39）。添加中间层的 2 号熔覆层的宏观形貌发生了显著变化，与 1 号熔覆层分层现象不同，其上部的 Cu-W_2C-NbC 复合层与下部的 Cu-Ni-Nb-W 中间层紧密相连，整体结构更为紧凑，未见分层现象。这一发现验证了中间层在促进熔池中液态金属混合方面的重要作用。显微镜下的微观世界则揭示了更多细节。在 2 号熔覆层的微观组织中，W_2C 和 NbC 增强相均匀点缀在铜基体上，而富铁相则以细小的球状形态出现，与 Cu-Fe-Ni 固溶体共同形成了独特的沙滩状微观图景。这些微观结构的变化，不仅会影响熔覆层的硬度分布，还会对其耐磨性、抗腐蚀性等性能产生显著影响。

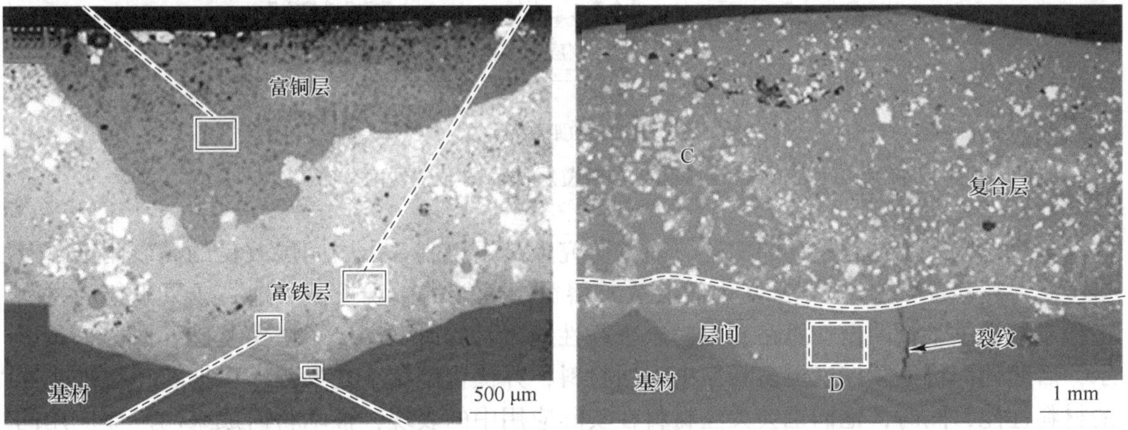

(a) (b)

图 2-39 两种熔覆层的宏观形貌
（a）1 号熔覆层；（b）2 号熔覆层

硬度测试成为验证实验成果的关键一环。研究人员通过显微维氏硬度测试发现 2 号熔覆层的硬度分布比1号熔覆层更加均匀，且整体硬度有所提高（图2-40）。特别是复合层中的硬度波动，与硬质增强相的分布紧密相关，呈现出“高峰”与“低谷”并存的有趣现象。更值得一提的是，2号熔覆层在界面处的硬度变化较为平缓，实现了从基材到熔覆层的连续梯度过渡，有效缓解了异质界面处的应力集中问题，提升了熔覆层的整体性能。布氏硬度测试则进一步验证了中间层对熔覆层表面耐磨性能的提升。2号熔覆层的表面硬度比1号熔覆层增加了12.92%，达到了154.7 HBS。这一显著提升直接归因于中间层促进的均匀组织和硬质增强相的有效分布。针对这些现象，研究人员解释：“熔覆层中引入的W_2C和NbC硬质相是提升硬度的关键。这些硬质相具有高硬度、高熔点及良好的化学稳定性，能够在熔覆过程中均匀分布在铜基体中，形成复合增强结构。这种结构在受到外力作用时，能利用硬质相抵抗塑性变形，显著提高熔覆层的硬度。而固溶强化是另一种重要的硬度提升机制。在熔覆过程中，中间层中的Ni、Nb、W等元素会固溶到Cu基体中，这会使基体晶格发生畸变，增加了位错运动的阻力，从而提高材料的硬度。富铜层中树枝状和球状富铁相的形成就是固溶强化的直接体现。此外，在熔覆层中，W_2C和NbC颗粒以及金属间化合物均起到弥散强化的作用。这些细小的颗粒在基体中均匀分布，形成弥散强化相，有效提高了熔覆层的硬度和强度。”

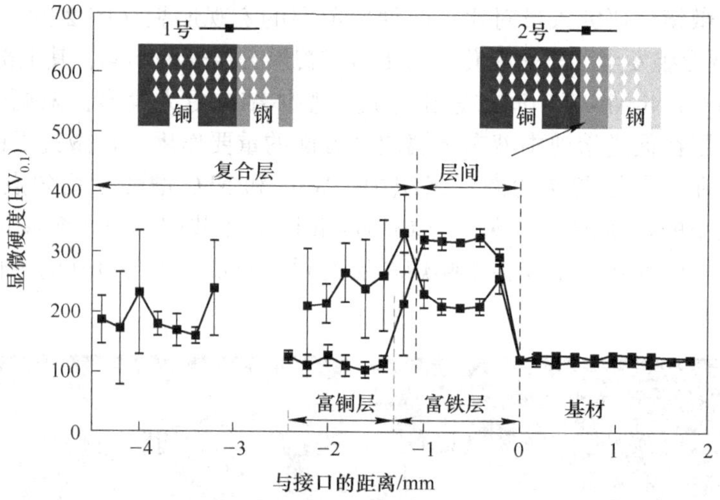

图2-40 1号和2号熔覆层截面的显微硬度分布

通过这一系列精心设计的实验，高校研究人员不仅制备出中间层改良的高硬耐磨铜基熔覆层，还验证了Cu-Ni-Nb-W中间层改善熔覆层性能的微观机制。这一成果不仅为材料工程领域提供了新的设计思路，也为未来高性能材料的研发奠定了坚实基础。研究人员表示，后续他们将继续探索更多新型中间层材料，并优化熔覆工艺参数，以期获得更加优异的材料性能，同时，他们也会关注材料在实际应用中的表现，推动科研成果向产业应用的转化，为工业进步贡献力量。

2.5.4 结语

高校研究人员通过电弧熔覆技术制备了中间层改良的高硬耐磨铜基熔覆层，深入探讨了电弧熔覆技术在提升磨机衬板耐磨性和硬度方面的应用潜力，特别是中间层在熔覆过程中的关键作用。利用对比实验分析了添加 Cu-Ni-Nb-W 中间层对熔覆层宏观形貌、微观组织、硬度分布及耐磨性能的影响。结果表明，中间层不仅促进了熔覆层与基材的紧密结合，还显著提升了熔覆层的硬度均匀性和整体耐磨性能。本案例为优化电弧熔覆工艺、提升矿山机械部件性能提供了重要的理论依据和实践指导。

2.5.5 案例使用说明

2.5.5.1 适用课程

材料加工工程、材料科学与工程基础、材料表面工程、材料改性技术、材料性能测试与分析等。

2.5.5.2 理论依据与关键要点

A 理论依据

(1) 合金形成准则理论。

(2) 表面工程学原理：涉及表面改性的各种技术及其原理，包括电弧熔覆技术的基本原理和工艺特点。

(3) 材料科学基础：包括材料的晶体结构、相变理论、缺陷理论等，用于解释熔覆层微观结构的变化及其对性能的影响。

(4) 固体力学：研究材料在受力作用下的变形和破坏规律，对于理解熔覆层在复杂工作环境下的性能表现具有重要意义。

B 关键要点

(1) 中间层的作用：中间层作为基材与熔覆层之间的桥梁，对熔覆层的结合强度、致密性及整体性能具有显著影响。

(2) 熔覆层性能提升机制：固溶强化、弥散强化等机制共同作用，提升了熔覆层的硬度和耐磨性。

(3) 实验设计与实施：通过对比实验设计，准确评估中间层对熔覆层性能的影响，确保实验结果的可靠性和有效性。

(4) 理论与实践结合：将理论知识与实验实践紧密结合，深入理解电弧熔覆技术的本质和应用潜力。

(5) 持续优化与创新：不断探索新型中间层材料和优化熔覆工艺参数，推动材料工程领域的技术创新和产业升级。

2.5.5.3 分析思路

教师可以根据自己的教学目标灵活使用该案例，这里提出的“案例事件思考—案例事件分析—方案设计与实施—机理探讨与总结”分析思路仅供参考。具体如下：

基于矿山工程磨机衬板面临的高冲击、磨料磨损、介质腐蚀的恶劣环境，明确研究目标，即提高磨机衬板的耐磨性和硬度，延长使用寿命，从工程应用角度出发，培养研究生发现科学问题的能力。接着，分析电弧熔覆工艺对实现上述目标的可行性以及需要解决的问题。然后，设计包含中间层的电弧熔覆实验方案，对比不同中间层对熔覆层的物相、硬度及耐磨性的影响，结合实验结果，探讨中间层改善熔覆层性能的微观机制。最后，总结研究成果，提出进一步优化熔覆层性能的建议，并展望未来的研究方向和应用前景。

2.5.5.4 思考题

(1) 如何根据具体工况选择合适的中间层材料?

(2) 中间层对熔覆层性能的影响机制有哪些?

(3) 除硬度外，中间层还可能对熔覆层的哪些性能产生影响?

(4) 如何优化电弧熔覆工艺参数以进一步提升熔覆层性能?

2.6 智能周期释药的抗菌防腐涂层——长效防护油气管道内 SRB 腐蚀

在油气输运管道领域，抑制硫酸盐还原菌（SRB）引发的点蚀穿孔是延长金属管道寿命的关键。基于载药纳米容器的 S^{2-} 响应抗菌涂层是有效预防 SRB 腐蚀的方法之一，但其实际应用仍面临挑战，主要表现为追求灵敏响应以快速释放杀菌剂杀菌和确保长效缓释以维持持久抗菌效果之间的矛盾。本案例依托高校科研团队在智能抗菌防腐涂层领域的研发经历，探讨了油气管道中由 SRB 引发的微生物腐蚀（MIC）问题，介绍了智能长效抗 SRB 腐蚀涂层的设计思路和研究成果，引导研究生应用所学理论和技术来解决工业实际问题，将理论知识与工程实践深度融合，强化研究生知识储备和解决复杂工程问题的能力。

2.6.1 案例背景

油气管道失效会对社会造成灾难性的安全后果和巨大的经济损失，而腐蚀是造成其失效的主要机制之一。据加拿大 Trans-Canada 管道公司调查，管道腐蚀失效事故中，大约有 50%是由微生物腐蚀（Microbiologically Influenced Corrosion，MIC）引起的。硫酸盐还原菌（Sulfate Reducing Bacteria，SRB）是造成 MIC 的典型代表，属于兼性厌氧细菌，广泛存在于油气田地层水、采出水、海水、土壤、地下管道内壁以及油气井等厌氧环境中（图 2-41）。除了自身的腐蚀破坏性，SRB 还常常诱发管道的应力腐蚀开裂（SCC）、缝隙腐蚀、疲劳裂纹尖端脆化和沉积下腐蚀，极易引发油气井堵塞和油气管道泄漏事故。早在 1931 年，就报道了首个由 MIC 导致的地下管道失效事故。进入 21 世纪以来，SRB 引发的腐蚀案例屡屡发生。韩国石油天然气公司 2000 年报道称，因土壤中的 SRB 腐蚀，一条 X65 钢材质的长管道发生严重损坏，导致全面停工并进行勘察。2004 年伊朗北部一条原油管道由于 SRB 和硫化物应力腐蚀开裂的共同作用发生原油泄漏。在德国，埋在沼泽地下的 1 条输气管道发生了一起剥离涂层下的 SRB 腐蚀事件（图 2-42）。由于聚乙烯涂层的起泡剥离，所产生的缝隙为 SRB 创造厌氧环境，使得剥离涂层下的管线钢发生点蚀，加之季节性降雨和滑坡等外加应力，导致管线钢发生应力腐蚀开裂。在我国，SRB 造成的管道腐蚀案例同样屡见不鲜。从生存环境上讲，我国区域所处纬度均属于 SRB 菌群适宜生长区域。当前国内的油气田开发大多进入高含水期，塔里木油田、西南油气田的集输管道均发生过多起 SRB 腐蚀穿孔事件（图 2-43）。而长输管道（如西气东输一线、兰成渝成品油管道）的外部涂层已开始进入老化降解期，面临着土壤环境下 SRB 腐蚀破坏的威胁。加之我国管道建设进入快车轨道，2020 年总里程累计达到 14.4 万千米，按照规划 2025 年将达到 24 万千米，在役管道保有量将持续增长。因此，我国的油气管网将面临更加突出的 MIC 问题。鉴于 SRB 诱发管道腐蚀的普遍性和严重性，开展 MIC 腐蚀防控措施的研究十分必要。

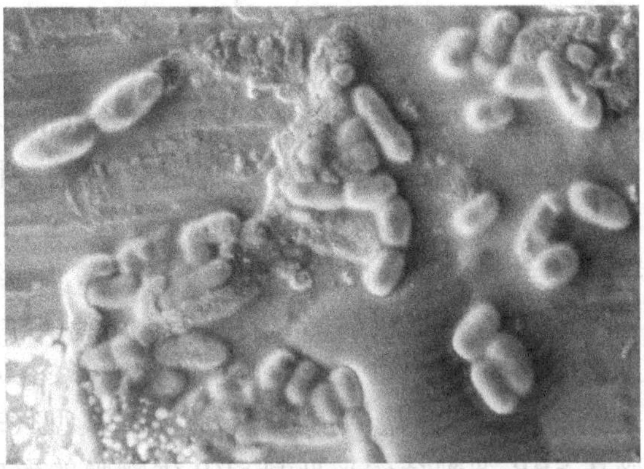

图 2-41 SRB

(b)

(a) (c)

图 2-42 沼泽地下输气管道发生硫酸盐还原菌腐蚀的形貌

(a) 沼泽地下输气管道现场挖掘照片；(b)(c) 剥离涂层下 SRB 导致的管道局部腐蚀

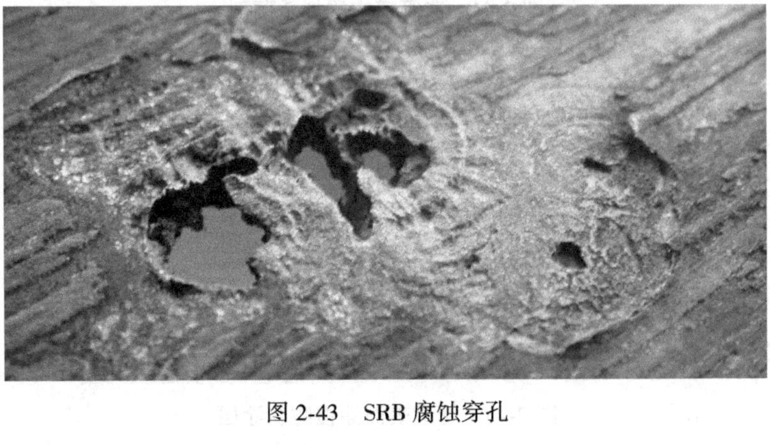

图 2-43 SRB 腐蚀穿孔

2.6.2 案例分析

由硫酸盐还原菌（SRB）引发的腐蚀是造成管道材料破坏和失效的重要原因。SRB 会直接消耗管道金属溶解释放的电子，并在金属表面形成含 S^{2-} 的酸性腐蚀微环境，加速金属的局部腐蚀（点蚀）过程，导致严重腐蚀。因此，抑制管道内的 SRB 腐蚀对于确保油气管道的安全运行和长期使用至关重要，也具有重要的科学意义和经济价值。

目前，防治管道内 MIC 的主要技术包括化学药剂法、在表面涂覆抗菌涂层等。化学药剂法消杀 SRB 是石油工业中使用最早，也是最为普遍的方法（图 2-44）。当前已开发出多种非氧化性环境友好型杀菌剂，如季胺盐、胺类化合物等，典型代表就是十二烷基二甲基苄基氯化铵，主要通过破坏 SRB 细胞结构来抑制 SRB 生物膜的形成。但杀菌剂需要持续添加，运营成本高，且对于管道内壁上已形成的生物膜中的 SRB 杀害效果十分微弱，此外杀菌剂长期使用会导致 SRB 产生耐药性。相反，在管道表面涂覆含有杀菌剂的抗菌涂层，既能充当金属与腐蚀介质之间的物理屏障，阻隔腐蚀介质渗透到金属表面，又能释放杀菌剂来杀菌，因此广泛应用于金属防腐领域（图 2-45）。然而，涂层中封装的杀菌剂往往会持续释放到环境中，从而削弱其长期抗菌能力，导致涂层过早失效，进而引发金属腐蚀。因此，赋予抗菌涂层在细菌存在时才激活其生物杀灭活性，进而保持涂层的长期抗菌性能是很有必要的。

图 2-44 向管道中添加杀菌剂

图 2-45 管道表面涂覆防腐涂层

智能抗菌涂层能感知并响应细菌生长环境中的微妙变化，如酸碱度、氧化还原电位、特定酶和离子的变化，然后适时释放杀菌剂，增强抗菌效果。这就像给涂层装上了“智能开关”，仅在必要时激活抗菌能力，既避免了杀菌剂的浪费，又延长了涂层的保护时间。为了实现这一功能，研究者巧妙地使用了装有杀菌剂的智能纳米容器，这些纳米容器的“门”是由能够感知外界变化的材料做成的，比如聚合物（如聚多巴胺）、无机纳米材料（如 ZnO 量子点）、无机-有机杂化材料（如沸石咪唑酸盐骨架-8）等材料。特别是针对 SRB 引起的腐蚀问题，他们设计了一种基于 S^{2-} 响应释药的纳米容器，能够感知到 SRB 产生的 S^{2-} 变化，迅速释放杀菌剂，可有效抑制 SRB 对金属的破坏。然而，这个设计也面临一个挑战：既要确保智能纳米容器能灵敏响应环境变化来快速释放杀菌剂对抗 SRB；又要保证杀菌剂能长效释放来保持长期的抗菌效果。这种矛盾使纳米容器难以同时满足即时杀菌与持久抗菌的双重需求。因此，有必要对涂层中的纳米容器进行表面修饰或结构设计，让它们既能敏锐地捕捉到 SRB 的微环境变化，又能周期性快速释放杀菌剂，实现快速响应释放与长效缓释之间的动态平衡，为金属管道提供全方位、长时间的保护。

2.6.3 智能长效抗 SRB 腐蚀涂层的探索

油气管道领域中 S^{2-} 响应型抗菌涂层面临的问题引起了高校科研人员的兴趣。他们首先在模拟页岩气集输管道的厌氧环境下测试了 SRB 的生长曲线和相应的微环境中腐蚀信号的变化规律，发现在 SRB 生长代谢初期，微环境中 pH 和 S^{2-} 浓度变化明显，完全可以作为智能响应的信号使用。经过前期实验和调研，科研团队最终决定将铜-苯并三氮唑（Cu-BTA）络合物作为 pH 和 S^{2-} 的响应纳米阀来控制抗菌剂释放。他们认为，“Cu-BTA 络合物是一种难溶配位化合物，而配位键的不稳定性以及 Cu-BTA 远低于 CuS 的稳定常数会使 Cu-BTA 络合物在酸性条件或 S^{2-} 作用下解离，这样就能够实现 S^{2-} 和 pH 的触发释药。并且在酸性条件下解离的 Cu-BTA 在微环境恢复为中性或碱性时又能重新组装成闭合态，这有助于实现药物释放的开关切换，有希望满足长期抗菌的需求。”在确定纳米阀材料后，团队经过简单讨论，决定采用树莓状介孔二氧化硅纳米颗粒（RMSNs）作为抗菌剂苯扎氯铵（BAC）的载体。这一方面可以提高抗菌剂的负载量，另一方面也能借助纳米容器的大比表面积和更多的吸附位点来吸附在酸性条件下解离的 Cu-BTA，确保 Cu-BTA 随后重新组装到纳米容器上。在明确设计思路后，团队先通过原位药物模板法将 BAC 封装在树莓状介孔二氧化硅纳米颗粒中，随后利用络合反应在颗粒表面组装 Cu-BTA 纳米阀，创造出一种能够灵敏响应刺激并实现周期性快速释药的智能纳米容器（BAC-RMSNs@Cu-BTA，图 2-46）。

为了验证这种智能纳米容器的优越性能，研究团队进行了紫外光谱表征和药物释放实验（图 2-47）。他们发现，在没有刺激信号时，纳米阀能有效抑制 BAC 的自发泄漏，实现了长效缓释抗菌的目的。当 pH 值为 6.3 或硫离子浓度为 1.5 mmol/L 时，纳米容器的释药量显著提高；并且在两者共存的模拟 SRB 微环境中，BAC 的累计释放率高达 67.4%，药物释放速率比单一 S^{2-} 刺激提高了 91%。在刺激信号消失后，纳米容器的药物释放被快速抑制，表现出“促进-抑制”的周期性释药特性，进一步延长了释药抗菌时间，维持长期抗菌效果。

随着智能纳米容器研发的顺利推进，团队将 BAC-RMSNs@Cu-BTA 纳米容器引入环氧树脂中，制成智能抗菌防腐涂层。在与纯环氧涂层和含 BAC-RMSNs 的涂层进行比较后，

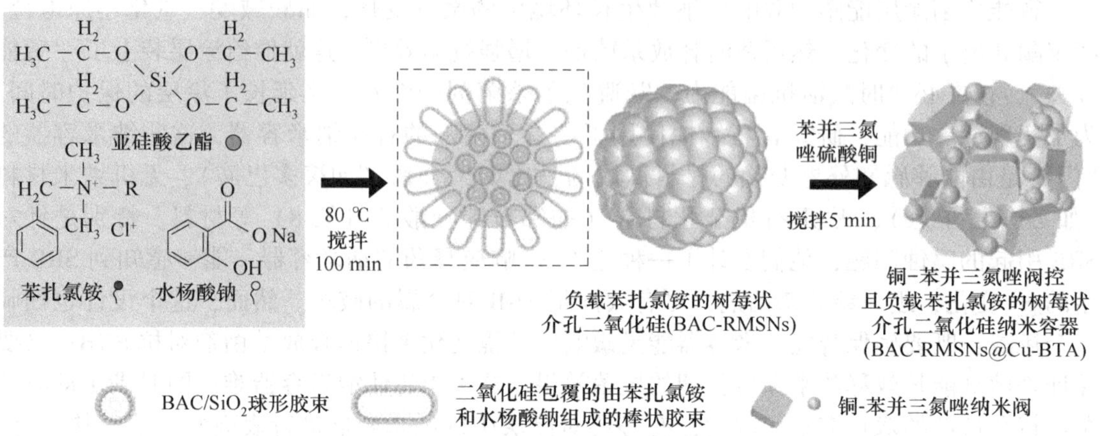

图 2-46 智能纳米容器的制备

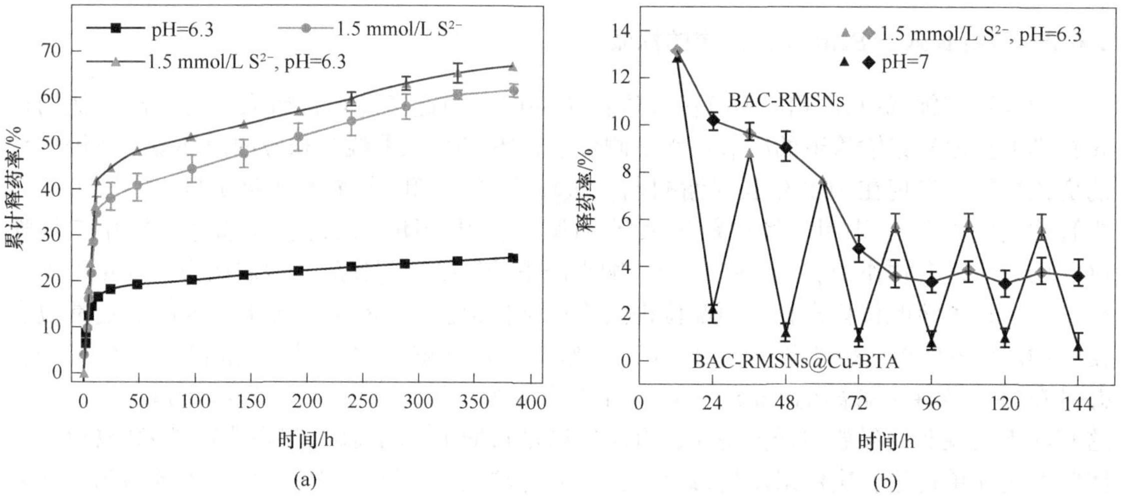

图 2-47 智能纳米容器的药物释放情况

（a）不同刺激条件下 BAC 的累积释放率；（b）纳米容器在循环刺激下的 BAC 增量释放率

他们发现，添加了智能纳米容器的涂层在外观和性能上都有显著改善。树莓状纳米容器均匀分布在涂层中，改善了涂层的疏水性，形成了致密的保护层，能够有效地屏蔽腐蚀介质的侵蚀，并且保持涂层与基体的结合强度。

在涂层的实际应用中，智能纳米容器也展现出其优异的抗菌性能。研究团队通过活/死细菌染色实验，观察到智能涂层在接种 SRB 后的杀菌效果显著：既能在 SRB 繁殖的早期阶段迅速释放药物，实现高效杀菌；又能随 SRB 代谢微环境中刺激信号的变化调整药物的释放速率，维持长时间的抗菌活性。通过模拟管道内环境的腐蚀实验还能发现，智能涂层在长时间的 SRB 腐蚀过程中仍能保持稳定的防护性能（图 2-48）。这得益于智能纳米容器的周期性释药机制，使涂层能够有效应对不断变化的腐蚀环境，维持长期的抗菌效果。

经过一系列的实验和验证，团队成功开发了一种新型的智能抗菌涂层，有效应对管道腐蚀问题中的长期保护挑战。这种涂层不仅具有优异的抗菌性能，还能够在复杂的环境中

图 2-48 智能抗菌涂层抑制管道中 SRB 腐蚀

保持稳定的防护效果。智能纳米容器的设计不仅为防腐技术的发展提供了新思路，也为工业管道的保护提供了切实可行的解决方案。

2.6.4 结语

高校科研团队采用原位药物模板法和络合反应设计了一种灵敏响应刺激和周期性快速释药的树莓状智能纳米容器，接着将其加入涂料获得智能长效抗 SRB 腐蚀涂层。该涂层实现了快速响应释药与长效缓释之间的动态平衡，在 SRB 环境中显示出优异的可重复杀菌效果和长期抗菌黏附功能，并且在高压环境下具有优异的抗 SRB 腐蚀能力，为油气管道防腐技术的发展提供了新的思路和方法。

2.6.5 案例使用说明

2.6.5.1 适合课程

材料腐蚀与防护、智能材料与应用、表面工程与涂层技术、环境工程材料、油气管道工程等课程。

2.6.5.2 理论依据与关键要点

A 理论依据

(1) 微生物腐蚀理论：阐述 MIC 的成因、机理及影响因素。

(2) 纳米技术原理：介绍纳米材料的特性及其在防腐领域中的应用。

(3) 智能材料科学：研究智能材料的设计原理、制备工艺及其在各领域的应用，为智能抗菌涂层的设计提供思路。

B 关键要点

(1) 智能纳米容器的设计：选择合适的纳米材料作为载体和纳米阀材料，实现杀菌剂的精准释放和长效缓释。

(2) 涂层制备技术：掌握涂层制备的工艺流程和关键技术参数，确保涂层与基体的良好结合和均匀分布。

(3) 性能评估方法：建立科学的评估体系和方法，对涂层的抗菌效果、防护性能及长期稳定性进行全面评估。

(4) 优化设计方案：针对实际应用中遇到的问题和挑战，提出合理的优化设计方案和改进措施，提高涂层的综合性能。

2.6.5.3 分析思路

教师可以根据自己的教学目标、教学方法和学员的实际情况灵活使用本案例，以下提供一些分析思路，仅供参考。

首先，从 MIC 的成因和机制出发，分析影响 MIC 的关键因素，如温度、微生物种类等，并介绍相应的预防措施和控制策略，使研究生了解 MIC 相关的理论知识。然后，针对现有技术的不足，提出智能抗菌涂层的设计思路，深入剖析智能纳米容器的设计原理和制备方法，解释其在涂层中如何实现精准释药和长效缓释的功能，培养研究生创新思维，提高解决实际问题的能力。接着，基于实验数据，评估智能涂层的抗菌效果和防护性能，分析其在实际应用中的优势。最后，提出智能抗菌涂层在油气管道防护中的应用前景及进一步研究方向。

2.6.5.4 思考题

（1）MIC 的主要影响因素有哪些，如何有效预防和控制 MIC？

（2）智能纳米容器在防腐涂层中起到什么作用，其设计原理是什么？

（3）如何评估智能涂层的长期抗菌效果和防护性能？

（4）在实际应用中，智能涂层可能面临哪些挑战？如何优化设计方案以提高其性能？

3 材料工艺技术案例

本章遵循从“基础科学探索”至“具体技术应用”，再迈向“特定行业应用”的层层递进逻辑，精心编排了材料工艺技术内容。从透射电子显微镜揭示微观奥秘，到紫外/红外光谱法引领电致变色材料创新，再经数学建模与系统辨识赋能微弧等离子切割技术，逐步深入到精准工艺设计，如金属拉深成形、有限元分析优化高强钢板制造，最终抵达分子动力学模拟在航空航天摩擦部件耐磨涂层的前沿应用。这一递进体系有助于读者从理解基本原理开始，逐步深入到具体技术及其在特定行业中的应用，促进理论与实践的深度融合，对培养高层次材料工程人才具有深远意义。

3.1 透射电子显微镜——探索材料微观世界的艺术与奥秘

透射电子显微镜（TEM）作为材料科学研究的重要工具，其高分辨率和强大的分析能力在揭示材料微观结构与性能之间的关系方面展现出独特优势。本案例通过分析 TEM 在微观摄影作品和在高温超导薄膜研究中的应用，阐述了如何通过 TEM 观察微观结构、确认薄膜质量，进而为科研提供新的解决思路和理论支持。通过教学案例，让研究生掌握 TEM 的基础知识，提升研究生的科研能力、仪器操作技能和艺术鉴赏能力，有助于培养具有创新思维和跨学科能力的材料工程人才，为未来的科研与工程实践奠定坚实基础。

3.1.1 案例背景

生活中有许多毫不起眼的事物，但若是将它们放在显微镜之下观察，这些平凡的物体就会展现出别样之美。2016 年，尼康公司举办的世界微观摄影大赛，便是一场视觉盛宴，它巧妙地揭开了微观世界的面纱，让无数观众首次领略到从皮肤细胞的微妙纹理到自然界中不起眼的咖啡的颗粒表面，乃至蜈蚣毒牙的锋利与蝴蝶翅膀的绚烂多彩，这些平凡之物在摄影师的镜头下展现出了前所未有的魅力与深度。尤为引人注目的，是大赛冠军作品——美国得州大学安德森癌症中心的鲁伊斯博士所拍摄的四日龄斑马鱼胚胎（图 3-1）。这幅作品利用共聚焦显微镜，以 10 倍的放大倍数，细腻地捕捉到了生命最初阶段的微妙变化，不仅展现了科学的严谨与精准，更激发了人们对生命奥秘的无限遐想。

近年来，微观摄影大赛逐渐成为研究生们热衷参与的赛事之一，其深远意义远不止于摄影本身。微观摄影大赛的举办，旨在通过这一独特的艺术形式，激发研究生对微观世界的探索欲，促进科学研究的兴趣与热情，同时搭建起学术交流的平台，提升研究生的仪器操作技能和艺术鉴赏能力。这一活动，如同一座桥梁，连接了科学与艺术、理性与感性，让研究生在探索与创造中不断成长。

在众多参赛作品中，透射电子显微镜（TEM）拍摄的照片以其独特的视角和惊人的细节，逐渐占据了重要位置。透射电镜凭借其强大的分辨率，能够深入纳米级别，揭示出物

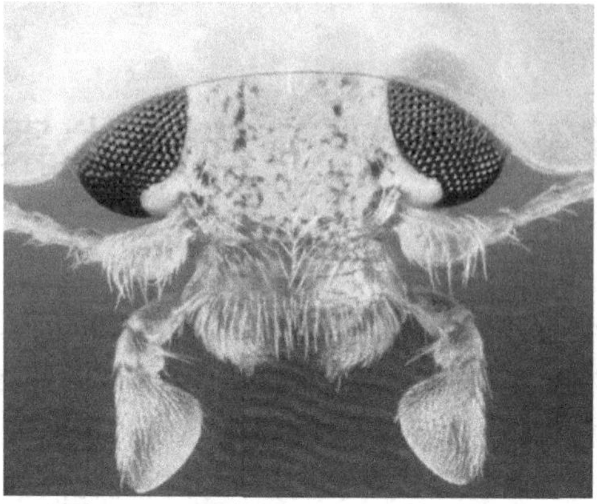

图 3-1 四日龄斑马鱼胚胎微观形貌

质内部的精细结构与奥秘。例如，“理想之花 向阳绽放”这幅作品（图 3-2），以尖晶石型结构二元金属氧化物 $ZnCo_2O_4$ 为样本，展现了其独特的形貌与潜在的应用价值，寓意着青春与理想的璀璨绽放；“五彩斑斓的石头”这一作品（图 3-3），则将透射电镜的魔力发挥到了极致，通过 JEM-2100F 透射电镜，作者成功捕捉到了在三维基体上均匀负载的氧化铝包覆四氧化三铁纳米颗粒的美丽景象，这一创新性的研究成果不仅为电极材料领域带来了新的突破，也向世人展示了微观世界的无限可能与魅力。此外，透射电镜下的铜元素图像(图 3-4)，更是引发了人们对微观世界与宏观宇宙之间深刻联系的哲学思考。这些作品不仅是科学的记录，更是艺术与想象的结晶，它们激发着研究生对未知世界的好奇心与探索欲。

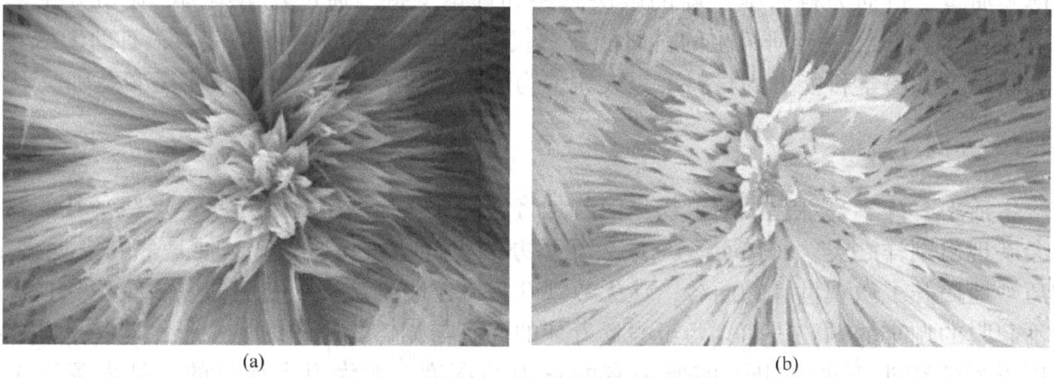

(a) (b)

图 3-2 作品名：理想之花 向阳绽放

（a）透射图；（b）渲染图

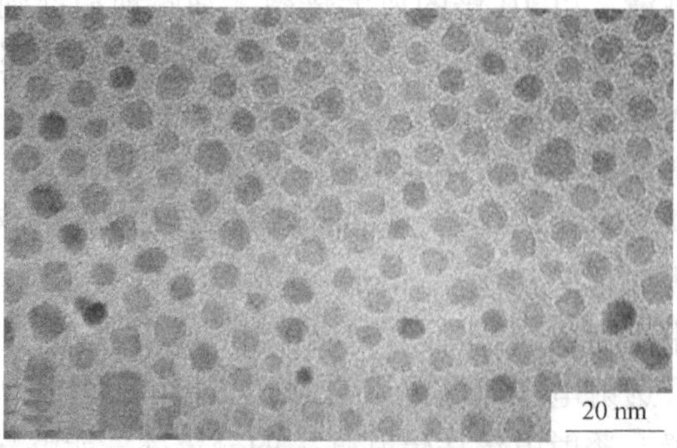

图 3-3 作品名：五彩斑斓的石头

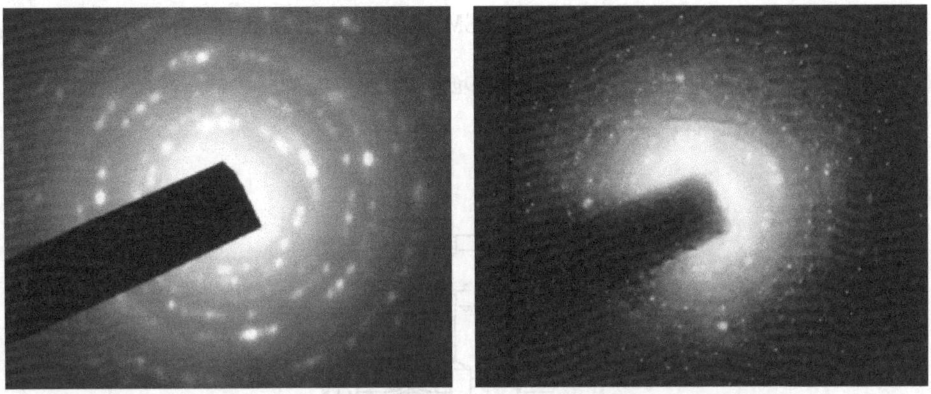

(a) (b)

图 3-4 Cu：仰观宇宙之大，俯察品类之盛

（a）透射电子衍射花样；（b）渲染图

3.1.2 案例分析

微观摄影作品不仅展示了自然界中肉眼难以察觉的奇妙景象，更激发了研究生对微观世界探索的热情。值得注意的是，许多获奖作品是借助透射电子显微镜（TEM，图 3-5）拍摄的。TEM 凭借其独特穿透能力与超高分辨率的优势，将微观世界细腻入微展现出来。

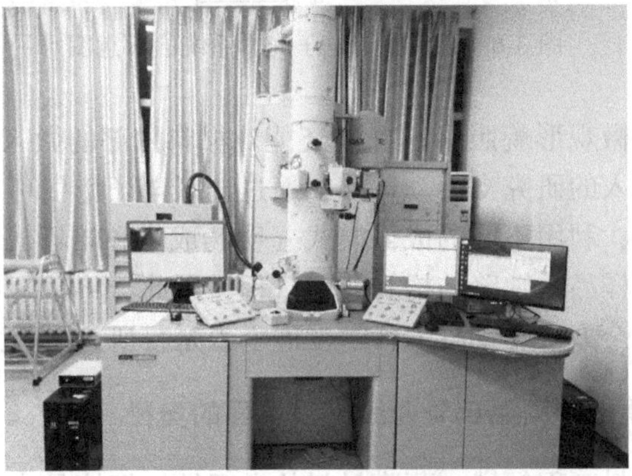

图 3-5 透射电子显微镜

那么，TEM 是如何拥有这般神奇的“视力”呢？这得从它的科学原理和技术细节说起。透射电子显微镜通过将电子束加速并聚焦照射到极薄的样品上，然后收集透过样品的电子信号来形成图像。图像形成主要依赖电子与样品的相互作用。当电子束穿过样品时，会与样品中的原子发生碰撞，并产生散射。这些散射电子携带着样品的结构信息，经过物镜等透镜系统的放大和聚焦后，形成我们看到的图像。不同的样品结构和成分会导致电子散射的不同，从而在图像上产生不同的衬度。实现如此复杂的电子光学成像依靠精密的仪器构造。TEM 主要由电子光学系统、电源控制系统和真空系统三大部分组成，其中电子光学系统是 TEM 的核心部分，它分为照明系统、成像系统和观察记录系统三部分，具体由电子枪、聚光镜、试样台、物镜、物镜光阑、选区光阑、中间镜、投影镜和观察记录系统

等组成（图 3-6）。这些部件共同协作，使 TEM 能够拍摄出高质量的微观形貌照片。

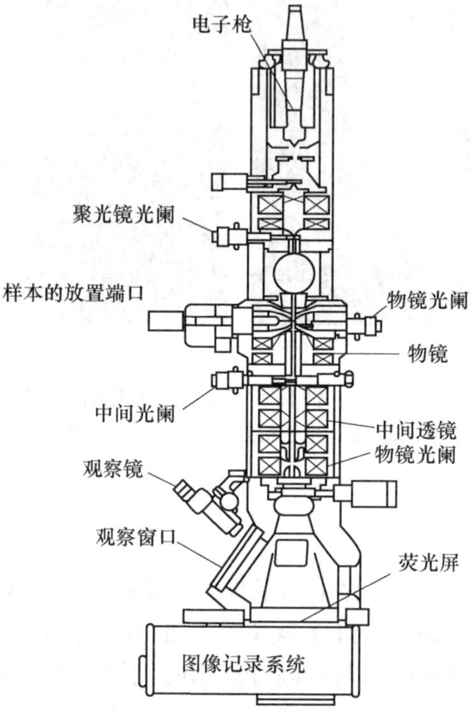

图 3-6 透射电镜电子光学系统的示意图

除了拍摄出精美的微观形貌照片，TEM 还能对材料内部的微区结构和成分进行精细分析，为科研人员提供深入的研究支持。比如，通过选区电子衍射可以确定样品中不同区域的物相组成和晶体结构；利用不同的成像模式（明场成像和暗场成像）可以观察样品的形貌和结构特征，或分析样品的缺陷结构和相变过程。因此，将透射电镜贯穿从基础理论探索，到应用工艺优化，全方位驱动材料科学发展一直是科研人员努力的方向。

3.1.3 透射电子显微镜揭示高温超导薄膜微观层面的奥秘

在现代高端电子材料工程领域，薄膜材料的微观结构把控是决定产品最终性能与品质的关键环节。在开发 $YBa_2Cu_3O_{7-\delta}$（YBCO）涂层导体作为第二代高温超导带材的过程中，高校团队遇到了薄膜晶体缺陷频出、与衬底结合不佳等难题。传统观测手段（如扫描电镜、红外光谱等）仅能粗略知晓薄膜中的元素成分，无法精确分析微量元素在薄膜内部的分布状况。而透射电子显微镜能敏锐捕捉纳米尺度的细微结构变动，为微观组织及析出相的研究提供了有力支撑。

团队采用低氟溶胶-凝胶法和热处理工艺在 $LaAlO_3$（LAO）单晶衬底上制备了表面质量良好的 YBCO 薄膜。如何确认在热处理过程中薄膜与衬底之间是否发生扩散现象成为第一个难题。团队经过讨论决定使用 TEM 来获得 YBCO/LAO 界面的低倍透射电镜照片（图 3-7）。结果表明，大约 280 nm 厚的 YBCO 薄膜生长致密，且 YBCO/LAO 界面十分清楚和平整，说明在热处理过程中薄膜与衬底之间没有发生互扩散现象。

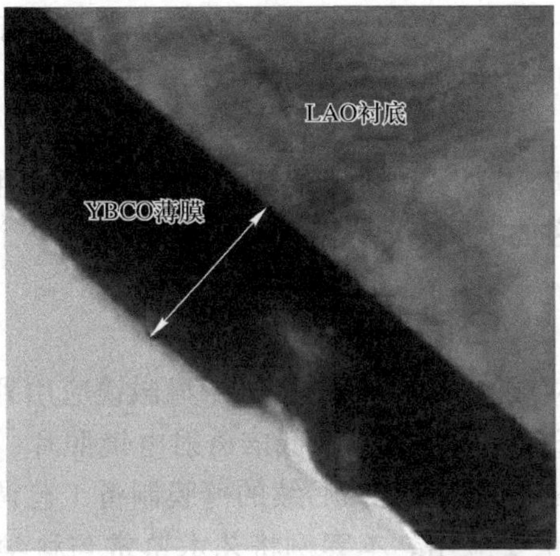

图 3-7　YBCO/LAO 界面低倍透射电镜照片（比例尺为 200 nm）

此外，研究 YBCO 薄膜时，精准知晓不同微区的物相组成和晶体结构意义重大，但又难题重重。针对这一问题，团队利用 TEM 的高分辨像和选区电子衍射功能进行了巧妙化解。他们根据同一样品不同区域的高分辨像（图 3-8）分析发现，YBCO 薄膜在衬底附近

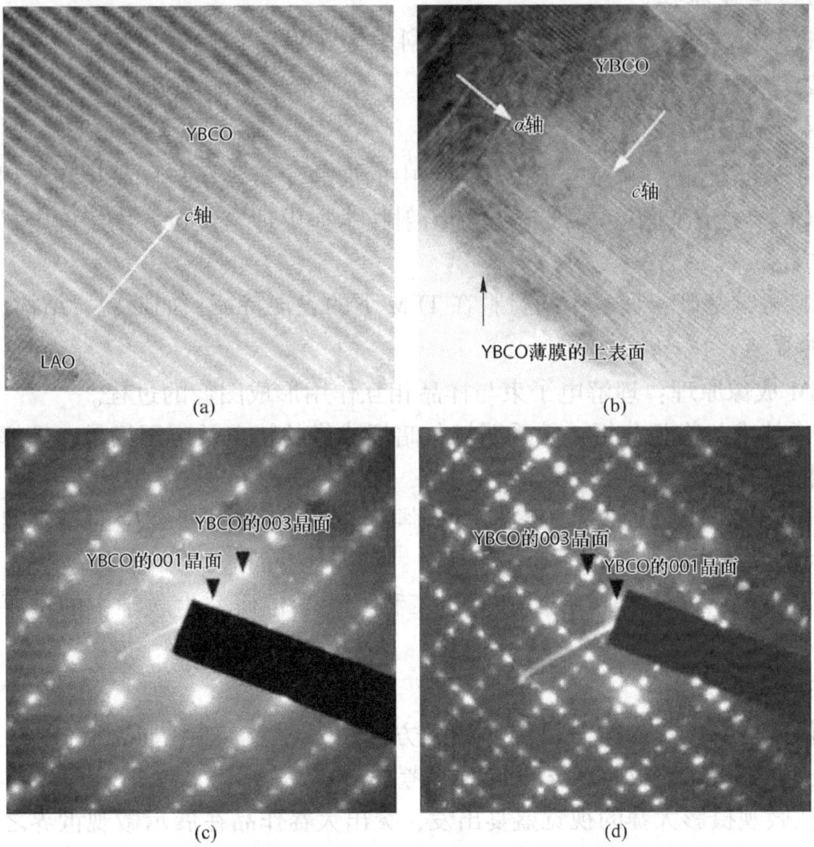

图 3-8　YBCO 薄膜［010］高分辨像及选区电子衍射图谱

（a）靠近 LAO 衬底处的高分辨像（比例尺 5 nm）；（b）靠近薄膜表面处的高分辨像（比例尺 10 nm）；（c）图（a）中 c 轴 YBCO 薄膜的电子衍射图；（d）图（b）中 a 轴与 c 轴 YBCO 晶粒界面处的电子衍射图

完全沿 c 轴取向呈层状生长，在薄膜的自由表面 50 nm 范围内有少许与 c 轴成 90°的 a 轴晶粒出现。结合对应区域的电子衍射图，团队计算出衬底附近的 c 轴 YBCO 具有钙钛矿结构。

靠着 TEM 辅助，团队成功观察到薄膜的微观结构和物相组成，为后续的薄膜制备工艺调整提供了精准导向。这是借助专业设备攻克科研难关的一个典型案例。

3.1.4 结语

高校团队将微观摄影大赛中使用到的透射电子显微镜应用到 YBCO 薄膜结构的科学研究中，通过 TEM 拍摄了 YBCO/LAO 界面的低倍透射电镜照片，并分析了 YBCO 薄膜不同微区的物相组成和晶体结构。这些发现为后续的薄膜制备工艺调整提供了精准导向，展示了 TEM 在材料工程领域的重要应用。本案例将艺术鉴赏与科学探索相结合，引领研究生的好奇心，一步步探索透射电子显微镜的相关知识，为研究生的学习方式的升级探索了新的方向。

3.1.5 案例使用说明

3.1.5.1 适合课程

现代材料分析方法、电子显微学与材料科学等课程。

3.1.5.2 理论依据与关键要点

A 理论依据

(1) 电子光学理论：解释电子束在真空中的加速、聚焦及与样品相互作用的过程。

(2) 晶体学与衍射理论：为选区电子衍射技术提供理论支持，用于确定材料的晶体结构和物相组成。

(3) 材料科学基础：理解不同材料在 TEM 下的表现特征，如形貌、结构、成分等。

B 关键要点

(1) TEM 成像原理：理解电子束与样品相互作用形成图像的过程。

(2) 成像技术与物相分析：熟悉明场与暗场成像的特点及应用场景，理解选区电子衍射在物相分析中的作用。

(3) 科研能力培养：通过 TEM 技术的学习与实践，提升研究生的科研能力、仪器操作技能和艺术鉴赏能力。

(4) 教育价值：强调 TEM 技术在材料工程专业学位研究生教学中的重要性，促进科学探索与艺术鉴赏的融合发展。

3.1.5.3 分析思路

教师可依据自身设定的教学目标、教学方法以及学员实际情况，将本案例融入教学中，以下列出的分析思路仅供教学设计时参考。

首先，从微观摄影大赛的视觉盛宴出发，突出大赛作品在展示微观世界之美方面的贡献，以及透射电子显微镜在微观摄影中的重要作用。其次，介绍透射电子显微镜的基本原理和仪器结构。接着，通过具体案例展示 TEM 在材料科学研究中的应用，如拍摄高温超导薄膜的微观形貌、分析物相组成和晶体结构等。最后，总结 TEM 在科研中的重要作用，强调其对于推动材料科学、生命科学等领域发展的重要意义。

3.1.5.4 思考题

(1) 透射电子显微镜的使用应注意哪些问题，处理不当会产生哪些后果？

(2) 透射电子显微镜的主要结构有哪些？

(3) 透射电子显微镜的明场像与暗场像的定义是什么，有什么异同点？

(4) 透射电子显微镜的样品制备过程有哪些？

3.2 紫外/红外光谱法——铺设电致变色材料迭代坦途

电致变色材料因其具有卓越的动态色彩调控能力在节能建筑、智能窗户、可调光显示等领域具有无限的应用潜力，但其更新迭代离不开对其变色机理的深入探讨。借助紫外/红外光谱分析可以有效获知电致变色材料结构与性能之间的内在联系，揭示电致变色材料变色机理，进而为产品开发和技术升级提供科学依据。难点在于如何高效利用光谱分析技术来助力电致变色材料研究。本案例以溶胶-凝胶法制备的氟铌共掺二氧化钛薄膜为例，通过紫外/红外光谱分析研究了氟铌共掺二氧化钛薄膜在制备过程中元素状态和光学性能的变化，验证了氟元素在提高薄膜透过率和电致变色性能方面的关键作用。通过案例学习，引导研究生理解实验设计思路，掌握光谱数据的收集、处理与分析方法，培养解决实际问题的能力。

3.2.1 案例背景

2009 年，波音 787 “梦想飞机” 划破长空，成功完成其首次试飞。这不仅标志着航空工业迈入了一个技术革新的新时代，更在全球范围内以其搭载的电致变色（Electrochromic，EC）调光舷窗技术引领了商业航空的新风尚（图 3-9）。EC 调光舷窗这一创新技术彻底颠覆了传统舷窗的设计概念，将笨重的遮阳帘替换为轻盈、智能的可调光舷窗系统。乘客只需指尖轻触，便能根据外界光线的强弱或是个人喜好，灵活调节舷窗透明度，无论是享受窗外绚烂的云海景观，还是沉浸在静谧的私人空间中，都能得到完美的满足，极大地提升了飞行的舒适性与个性化体验，展现了科技与人文的完美融合。

(a) (b)

图 3-9 波音 787 和其搭载的 EC 调光舷窗

(a) 波音 787；(b) EC 调光舷窗

然而，科技的探索永无止境，推动着电致变色技术不断向前发展。在波音 787 应用的第一代凝胶技术取得成功后，科学家并未停下脚步，而是继续深耕，致力于开发更高效、更稳定的电致变色材料。随后，第二代 EC 技术——无机固态技术应运而生，标志着电致变色材料领域迈入了新的发展阶段。这一技术以其卓越的稳定性和响应速度，为电致变色技术的广泛应用奠定了坚实基础。在汽车行业，法拉利 575M 跑车搭载的变色天窗便是对无机固态技术成果的精彩诠释（图 3-10）。不同于第一代技术中的凝胶材料，法拉利 575M 采用了以过渡金属氧化物三氧化钨为核心的无机固态电致变色材料。这种材料在电场作用下，能够可逆地实现离子的插入与释放，进而引发材料光学性质的显著变化，从而实现了天窗从完全透明到深邃黑色的连续调节。这一设计不仅赋予了法拉利跑车更加前卫、炫酷的外观，更在保护乘客隐私、优化车内光线环境及调节车内温度等方面展现出了卓越的性能优势，成为汽车智能化与个性化设计的典范。

图 3-10　法拉利 575M 的变色天窗

从波音 787 的 EC 调光舷窗到法拉利 575M 的变色天窗，电致变色技术正以其卓越的动态色彩调控能力和无限的应用潜力，逐步渗透到我们生活当中，并成为推动社会进步的重要力量。它不仅展示了材料科学领域的最新研究成果，更为我们描绘了一个充满智能、便捷与个性化的未来图景，激励着更多科研工作者投身于这一充满挑战与机遇的领域，共同探索未知，创造更加美好的明天。

3.2.2 案例分析

电致变色是材料的光学属性（反射率、透过率、吸收率等）在外加电场的作用下发生稳定、可逆变化的现象，其在外观上表现为颜色和透明度的可逆变化。作为材料科学领域的一项前沿技术，电致变色正从实验室逐步走向节能建筑、智能窗户、可调光显示以及先进热管理等多个领域的实际应用。电致变色是如何产生的呢？科研人员习惯对材料进行追根问底，因为电致变色的科学原理涉及材料内部电子结构、离子迁移以及分子间相互作用等多个层面的变化，所以要想深入探索电致变色材料的内在机制，合适有效的现代材料分析技术是必不可少的。

光谱分析技术在探索电致变色材料的变色机理和性能优化过程中，发挥了不可替代的作用。光谱分析法是一种基于物质的光谱特性来鉴别物质、确定其化学组成及相对含量的分析方法。它以分子和原子的光谱学为基础，通过分析物质与电磁辐射相互作用时所产生的发射、吸收或反射光谱，实现对物质的定性和定量分析。根据电磁辐射的本质，光谱分析又可以分为分子光谱和原子光谱。分子光谱主要利用分子中价电子的跃迁产生的，因此这种吸收光谱取决于分子中价电子的分布和结合情况。光谱分析法具有分析速度快、操作简单、不需要纯样品、可同时测得多种元素和化合物、选择性好、灵敏度高、样品损坏少等优点，成为现在常用的灵敏、快速、准确的近代仪器分析方法之一。紫外光谱和红外光谱是光谱分析的两大支柱，它们各自以其独特的视角揭示了材料在电致变色过程中的微妙变化（图 3-11）。紫外光谱通过测量材料对紫外光的吸收情况，能够揭示材料分子中的共轭体系、芳香结构等特征信息，为分析有机化合物的结构提供了强有力的手段。而红外光谱以其对物质分子振动和转动能级的敏感性，成为分析材料官能团和化学键类型的有力工具。通过红外光谱的官能团区（4000~1300 cm^{-1}）和指纹区（1300~400 cm^{-1}）的吸收峰特征，可以对材料进行定性分析和结构分析，为材料性能的深入理解提供关键数据支持。

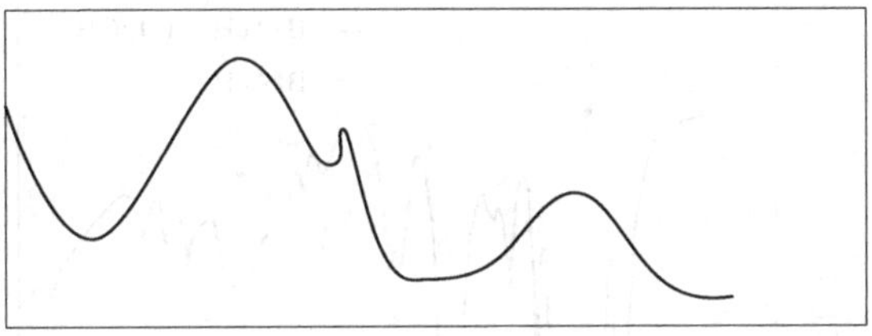

(a)

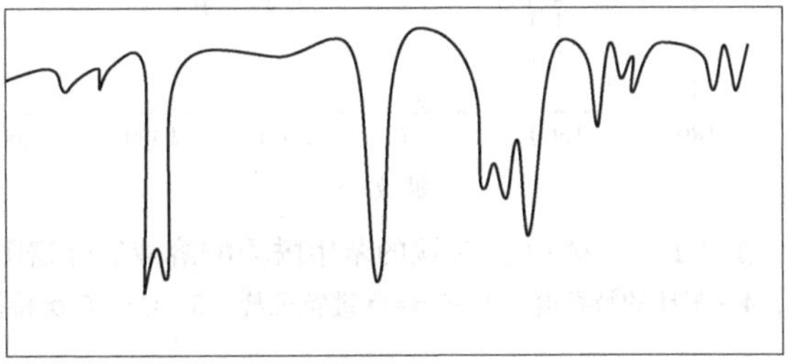

(b)

图 3-11 常见的光谱分析方法

（a）紫外光谱；（b）红外光谱

将紫外光谱和红外光谱技术结合应用于电致变色材料的研究中，不仅可以揭示电致变色材料在不同电压下的宏观性能（透过率、吸收率等）变化规律，还能深入到微观分子结构层面，推断出材料内部电子结构和离子迁移的动态过程，探究分子结构与性能之间的内在联系。这种多尺度、多维度的研究方法，不仅有助于加深对电致变色材料变色机理的理解，更能为新型电致变色材料的优化和性能提升提供宝贵的实验数据。因此，如何高效利用光谱分析技术来助力电致变色材料研究成为科研人员关注的重点问题。

3.2.3 红外和紫外光谱分析技术助力电致变色材料研究

高校科研团队致力于在新型电致变色材料领域寻求突破。他们创新性地提出“氟铌共掺 TiO_2 薄膜”的概念。这一设计理念旨在通过增加铌掺杂 TiO_2 薄膜的载流子浓度，优化表面等离子体共振特性，从而增强材料在近红外波段的吸收与调制能力，实现电致变色。团队带头人深知，要想将理念落地，得到优异的电致变色材料，就必须深入材料的微观世界，揭示材料结构与性能之间的奥秘。为此，他们在研究过程中巧妙地运用了红外光谱和紫外吸收光谱这两种强大的分析手段。

实验的第一步是溶胶的制备。团队成员将钛酸丁酯、三氟乙酸和五氯化铌分别溶解在苯甲酰丙酮（BzAcH）等混合溶剂中，搅拌得到氟铌共掺 TiO_2 溶胶。为了确保溶胶的质量，团队首先需要验证钛元素是否成功引入体系。通过红外光谱分析（图 3-12），团队发现了 BzAcH 的一系列特征吸收峰，并且在 1400 cm^{-1} 处也找到一个强吸收峰，它证明了钛元素已成功与苯甲酰丙酮形成新的配合物。

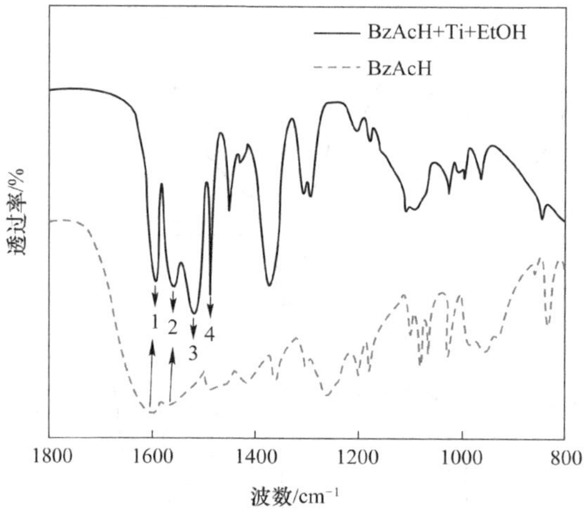

图 3-12 BzAcH 及含钛的苯甲酰丙酮溶液红外谱图

1，4—苯环的特征峰；2—C ═ O 键特征峰；3—C ═ C 键特征峰

紧接着，团队又利用紫外可见吸收光谱开展研究。他们分别测试了纯苯甲酰丙酮、含氟、含铌、含钛的苯甲酰丙酮乙醇溶液以及氟铌共掺二氧化钛溶胶的紫外光谱（图 3-13），发现只有含钛溶液和氟铌共掺二氧化钛溶胶的紫外光谱出现了显著的红移现象，同样证明钛元素与苯甲酰丙酮发生了配位反应。而氟和铌离子的引入虽然并未显著改变苯甲酰丙酮的光吸收性质，但却在后续的氟铌共掺 TiO_2 薄膜中发挥了关键作用。随着 F 掺杂量的增加，通过溶胶-凝胶法制备的氟铌共掺 TiO_2 薄膜的透过率先增加后趋于稳定，当 Ti：F 原子比为 1：0.5 时，薄膜的透过率最高（81%），比铌掺杂 TiO_2 薄膜提高了 15%。这一较大的提升，不仅证明了氟元素在改善薄膜光学性能上的独特作用，也为后续的智能变色应用提供了坚实的基础。更令人振奋的是，当施加电压时，这些薄膜在可见光波段（380～780 nm）保持良好的透过率，而在近红外波段（780～3000 nm）则表现出较低的透过率（图 3-14）。且施加不同电压对薄膜透过率影响不同，这意味着通过简单的电信号控制，可以使薄膜根据环境需求自由切换透明度，实现智能调光的效果（图 3-15）。

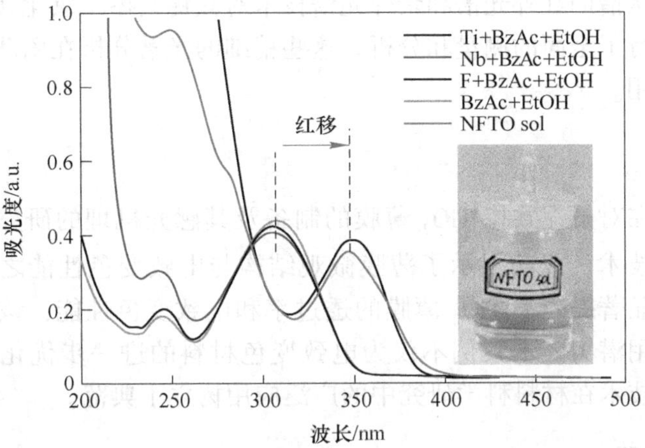

扫码看彩图

图 3-13 不同离子溶液的紫外可见吸收图谱

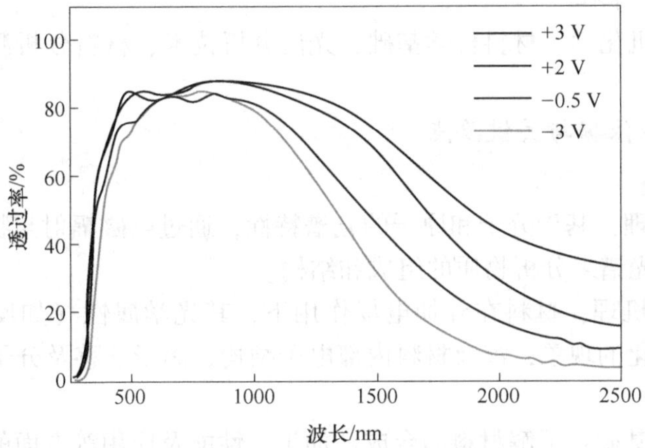

扫码看彩图

图 3-14 氟铌共掺 TiO_2 薄膜的电致变色性能

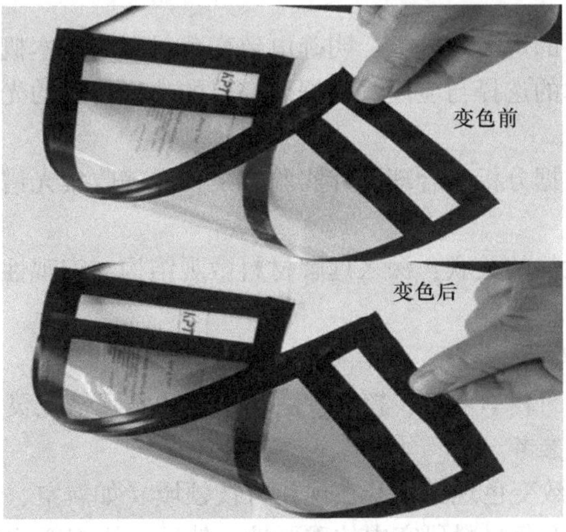

图 3-15 电致变色薄膜智能调光

至此，科研团队借助红外光谱和紫外光谱技术对氟铌共掺二氧化钛溶胶和薄膜的结构及电致变色性能进行了全面的测量和分析。这些精细的光谱分析在团队项目后续推进时起到了至关重要的作用。

3.2.4　结语

高校科研团队在对氟铌共掺 TiO_2 薄膜的制备及其感光机理的研究中，综合应用了红外光谱和紫外光谱技术，成功揭示了薄膜微观结构与电致变色性能之间的关联。研究表明，氟元素的引入显著提高了 TiO_2 薄膜的透过率和电致变色性能，该材料在智能调光领域展现出巨大的应用潜力。本案例不仅为电致变色材料的进一步优化提供了实验数据支持，也为光谱分析技术在材料科学研究中的广泛应用树立了典范。

3.2.5　案例使用说明

3.2.5.1　适合课程

无机化学、有机化学、材料科学基础、光谱分析技术、材料分析测试方法、分析化学等课程。

3.2.5.2　理论依据与关键要点

A　理论依据

（1）光谱学原理：基于分子和原子的光谱特性，通过电磁辐射与物质相互作用产生的发射、吸收或反射光谱来分析物质的组成和结构。

（2）电致变色机理：材料在外加电场作用下，其光学属性（如反射率、透过率、吸收率）发生可逆变化的现象，涉及材料内部电子结构、离子迁移及分子间相互作用等复杂过程。

（3）材料科学基础：了解材料的合成、加工、性能及应用等方面的基本原理，为光谱分析技术在材料研究中的应用提供理论支持。

B　关键要点

（1）电致变色材料的定义与分类：明确电致变色材料的基本概念及其分类方法。

（2）光谱分析技术的选择与应用：根据研究目的选择合适的光谱分析技术，并熟练掌握其操作方法。

（3）实验设计与数据分析：合理设计实验方案，准确收集光谱数据，并运用科学的方法进行分析处理。

（4）材料结构与性能的关联：深入理解材料微观结构与宏观性能之间的内在联系，为材料优化提供理论依据。

3.2.5.3　分析思路

教师可以根据自己的教学目标、教学方法和学员的实际情况灵活使用本案例，以下提供一些分析思路，仅供参考。

首先，简要介绍电致变色现象及其在现代科技领域（如航空、汽车）的应用背景，引出光谱分析技术在电致变色材料研究中的重要性。然后，详细阐述紫外光谱和红外光谱的基本原理、特点及其在材料分析中的应用范围，特别是它们在揭示材料微观结构和性能变化方面的优势。接着，深入分析高校科研团队是如何通过紫外光谱和红外光谱技术研究氟铌共掺 TiO_2 薄膜的制备及其电致变色性能，包括溶胶制备、薄膜表征及性能测试和分析等关键环节，引导研究生理解实验设计思路，掌握光谱数据的收集、处理与分析方法，培养解决实际问题的能力。最后，总结光谱分析技术在电致变色材料研究中的关键作用和贡献，提出未来研究方向，如新型电致变色材料的开发、性能优化以及光谱分析技术的创新应用等。

3.2.5.4 思考题

（1）电致变色材料的主要特点是什么，它在哪些领域有重要应用？

（2）红外光谱和紫外光谱在电致变色材料研究中各有哪些独特作用？

（3）氟铌共掺 TiO_2 薄膜的制备过程中，哪些因素可能影响其电致变色性能？

（4）如何通过光谱分析技术进一步优化电致变色材料的性能？

3.3 数学建模与系统辨识——打造微弧等离子精准切割单晶硅的数控大脑

单晶硅作为芯片的重要材料，其加工精度和表面质量会直接影响到最终产品的性能和可靠性。微弧等离子切割技术因其高精度和高效能，在单晶硅加工领域展现出广阔的应用前景。但放电状态的检测与控制仍是微弧等离子切割加工过程中亟待解决的问题。本案例结合数学建模与系统辨识理论，开发出基于广义预测控制的微弧等离子切割控制系统，显著提高了单晶硅切割的精度和效率，降低表面粗糙度，为单晶硅在芯片制造等领域的应用提供了强有力的技术支持。通过案例教学，使研究生理解单晶硅在半导体材料中的重要性及其加工难点，掌握微弧等离子切割技术的基本原理与优化路径，在参与实验设计、数据分析和模型仿真过程中提升科研能力、创新思维和跨学科综合应用能力。

3.3.1 案例背景

在我国半导体产业发展的早期，有一位杰出的科学家为其奠定了基础，她就是林兰英院士，被誉为“中国半导体材料之母”。20 世纪 50 年代，林兰英远赴美国宾夕法尼亚大学深造，凭借卓越的科研能力成为该校历史上第一位女博士，更是第一个中国博士。当时，我国将半导体技术列为国家四大紧急措施之一。林兰英响应祖国号召，毅然放弃美国优厚的科研条件和高额薪资，踏上归国的道路。归国之路充满艰辛，但她仍冒着风险带回了 500 g 锗单晶和 100 g 硅单晶（图 3-16），并将其无偿捐献给中国科学院。林兰英回国后进入中国科学院工作，从事半导体方面的研究。1958 年，在林兰英和团队的努力下，中国第一根硅单晶诞生，点燃了中国半导体产业的希望。林兰英迎难而上，带领团队自主设计并制造出中国第一台开门式硅单晶炉（图 3-17），1962 年成功拉制出中国第一根无位错硅单晶，标志着中国在单晶硅技术领域的自主突破。此后，林兰英又先后负责研制成我国第一根锑化铟、砷化镓、磷化镓等单晶，为我国半导体产业“燎原”投下了宝贵的单晶火种。

我国半导体材料从无到有，从低级到高级，从落后到先进，每一次进步都与林兰英和同行者们的艰苦奋斗息息相关。凭借满腔的爱国热情、强大的自信、持久的毅力、宽广的

图 3-16 单晶硅和单晶锗

图 3-17 开门式硅单晶炉

心胸，林兰英在科学界诠释了真正的“女性力量”。她的研究成果不仅普遍使用在工业领域中，而且为中国的国防工业和太空领域研究作出了巨大贡献。

3.3.2 案例分析

高纯单晶硅（图 3-18）是芯片的原材料，主要是因为单晶硅作为半导体材料之王，具优异的电子性能、纯净度高、物理特性稳定，以及良好的半导体特性。其中，优异的电子性能尤为关键，因为这直接影响芯片的功能和效率。单晶硅中的原子排列高度有序，这使得电子能够在晶格中更顺畅地移动，从而提高芯片的计算速度和电子器件的响应时间。此外，单晶硅的加工技术与产能不仅反映了国家的科技实力，更是衡量行业进步的重要指标。

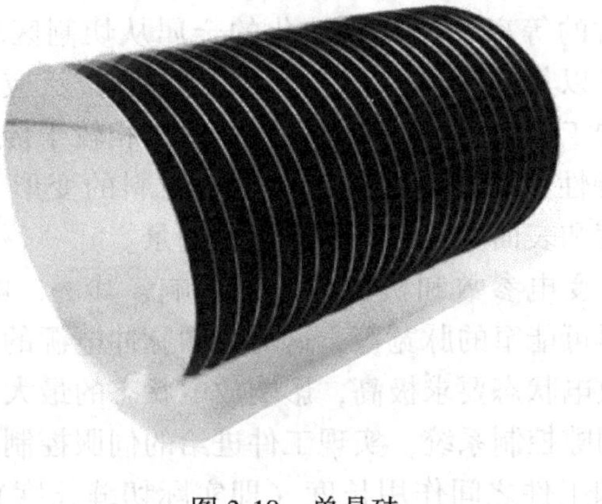

图 3-18　单晶硅

然而，单晶硅高硬度和高脆性的物理特性，使单晶硅片的切割、研磨以及抛光成为半导体器件制造过程中最大的技术瓶颈。尤其是切割过程，成本占整个单晶硅片制造过程的50%以上。在对单晶硅进行切割时，传统的线锯切割工艺因其接触式加工，切割时会对材料施加机械应力，常导致出现加工表面质量差、硅片断裂、崩碎、微裂纹等问题。无论是采用传统的物理切割方法，如金刚石线锯切割，还是使用更现代的激光切割技术，都有可能在切割点引入不均匀的应力分布。这些应力如果未能妥善分散，就会在硅片中形成微裂纹，尤其是在硅片边缘和表面。单晶硅中的微裂纹会导致芯片性能下降、可靠性降低，最终影响其使用寿命和功能稳定性。

在单晶硅加工技术中，微弧等离子切割技术以其独特的非接触式加工方式脱颖而出(图 3-19)。该技术核心在于利用电弧激发的高温等离子体流对金属材料进行切割。具体而言，通过施加高电压于电极与工件之间，引发电弧，该电弧随即将其周围的气体（常用压

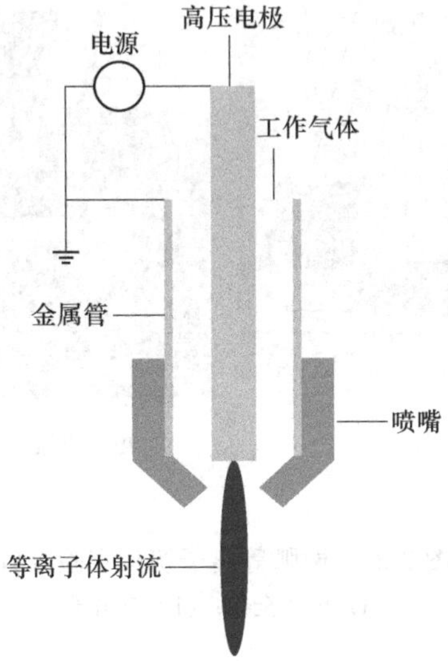

图 3-19　微弧等离子切割原理

缩空气或惰性气体）电离成高温等离子体。这种等离子体拥有极高的温度，足以使金属迅速熔化，而随后高速喷射的等离子流则将熔化的金属从切割区域清除，从而实现精准切割。微弧等离子切割技术以其速度快、切口精确的优势，广泛应用于各种电导性金属材料的加工中，是现代金属加工领域的一项高效切割技术。相较于传统的线锯切割工艺，微弧等离子切割的非接触式特性显著减少了加工过程中材料的变形、表面损伤以及刀具的磨损，尤其适合对加工精度和表面质量有极高要求的场景。

微弧等离子切割主要受电参数和机械参数的影响，其一，电参数要求尽可能高的电压、尽可能低的电流和尽可能窄的脉宽等，这对高频脉冲电源的要求很高；其二，微弧等离子切割对切割过程的放电状态要求极高，影响放电状态的最大因素便是放电间隙。因此需要尽可能精密的放电间隙控制系统，实现工件进给的伺服控制。然而，在微弧等离子切割过程中，由于电极丝和工件之间作用长度（即实际切缝长度）连续变化，即使在电参数、运丝速度、工件进给速度等工艺参数固定的情况下，也会导致出现断丝、较差的表面粗糙度或切割效率低下的现象。因此，放电状态的检测与控制在微弧等离子切割加工过程中非常重要。

3.3.3 数学建模辅助建造单晶硅的微弧等离子加工控制系统

基于以上问题，高校科研团队深入微弧等离子切割这一前沿技术，优化其在单晶硅半导体材料加工中的应用。

为了提升单晶硅的微弧等离子切割精度和效率，团队自行研发了一个由脉冲电源、机械装置和光电测距仪组成的微弧等离子切割实验设备（图 3-20）。通过示波器观察切割过程中电压和电流的变化，他们发现微弧等离子切割单晶硅会经历开路、正常加工和短路三种间隙放电状态。

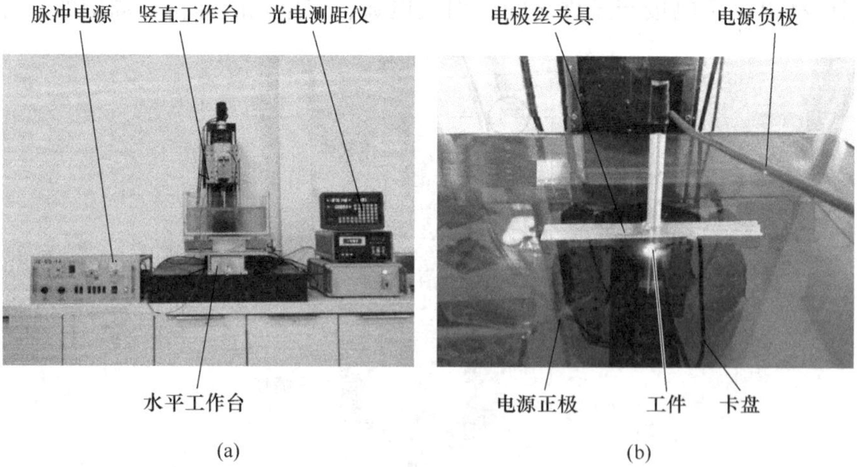

图 3-20 微弧等离子切割实验设备
（a）设备全貌；（b）工作台

在开路状态下，电极丝和工件之间的距离较远，场强不足，使电介质无法被击穿，无法形成放电通道，电流微弱。在正常加工时，电极距离适中，极间场强足以击穿电介质形成放电通道，发生火花放电，电流增加，但如果距离过近则会转化为电弧放电，且放电能量高，形成放电凹坑，这对工件表面质量不利。在短路状态下，两电极直接接触，由于单晶硅为半导体材料，因此极间电压不会像金属电极短路那样电压急剧下降到几乎为零，而是发生一定压降后维持一个较高值，相应的电流也发生明显增大但并不会瞬间骤增。

通过分析电压和电流的相位角，团队忽略了电路中的电容和电感成分，认为微弧等离子切割过程极间等离子体具有纯电阻特性。这一认识促使他们建立了放电间隙与极间平均电阻的数学模型（图 3-21），并得出随着微弧长度的增加，等离子体电阻值也会随之增加的结论。

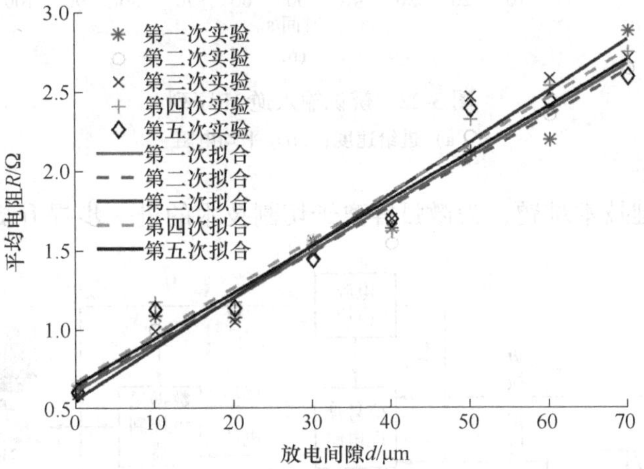

扫码看彩图

图 3-21 极间等离子体平均电阻的间隙模型

为了优化微弧等离子切割机床的性能，团队引入了系统辨识理论，改造了机床的进给系统，并进行了系统辨识建模。使用 MATLAB 仿真分析，他们通过递推最小二乘算法在线估计系统模型参数，实现了更精准的控制。随后，团队基于建立的系统模型，采用预测控制理论，开发了一套专门针对单晶硅微弧等离子切割过程的控制系统。通过调整放电间隙的动态电阻，实现了放电间隙的精确控制，并确保极间动态电阻能实时跟进预设的参考电阻，证明了广义预测控制器在在线控制中的有效性。

在微弧等离子线切割控制系统的基础上，团队采用逆 M 序列（图 3-22）以工件进给速度为给定输入，以微弧等离子体极间动态电阻为输出，根据输入输出数据，采用模型残差方差的 F 检验法对放电间隙控制系统模型的阶次进行了辨识，通过多次实验和 MATLAB 编程辨识出控制系统的阶次，最终确定为二阶。这为后续控制模型的参数辨识奠定了基础。

最终，该团队通过将改进后的微弧等离子切割机床与广义预测控制系统相结合（图 3-23），实现了对切割过程的精准控制。在 MATLAB 中，设计的控制器经过多种典型信号的跟踪仿真后，展现出良好的跟踪性能。即便在初期出现较大的波动后，控制器都能稳定地追踪给定输出。这一成果显示，广义预测控制器能够有效应用于单晶硅微弧等离子体加工过程中的在线控制。实验对比显示，采用广义预测控制系统的切割工件表面质量明显优于传统的恒速进给方式，表现为表面粗糙度降低，加工精度和效率显著提升。通过深入研究，团队

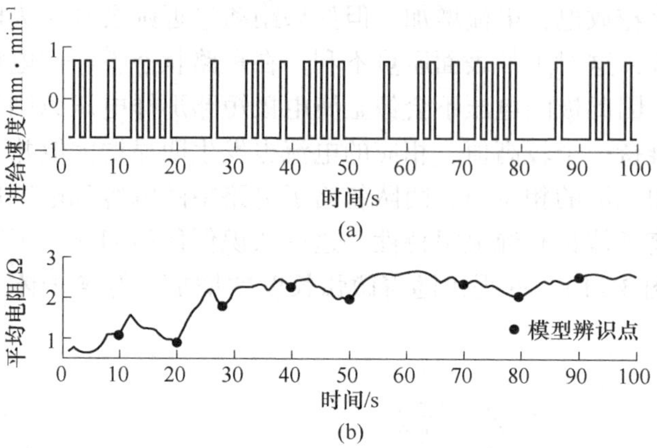

图 3-22 辨识输入逆 M 序列
（a）进给速度；（b）平均电阻

成功解决了多个关键技术难题，为微弧等离子切割技术的进一步提升提供了宝贵的数据和经验支持。

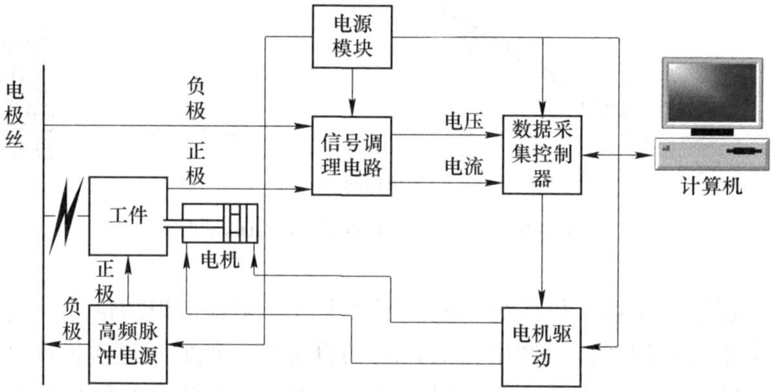

图 3-23 微弧等离子切割放电间隙控制系统总体结构图

3.3.4 结语

高校科研团队通过深入探索微弧等离子切割技术在单晶硅加工中的应用，成功构建了放电间隙与极间平均电阻的数学模型，并基于系统辨识与广义预测控制理论，开发出一套高效、精准的微弧等离子切割控制系统。该系统能够显著提高单晶硅切割的精度与效率，改善表面质量，为单晶硅在半导体产业中的广泛应用提供了重要保障。本案例不仅丰富了微弧等离子切割技术的理论体系，也为单晶硅加工技术的创新发展提供了新的思路与方向。

3.3.5 案例使用说明

3.3.5.1 适合课程

材料工程原理、半导体材料与器件制造工艺、先进制造技术、系统工程与建模、材料工程中的数学建模与仿真等课程。

3.3.5.2 理论依据与关键要点

A 理论依据

(1) 系统辨识理论：通过输入输出数据，建立系统动态模型的方法，为控制系统设计提供基础。

(2) 广义预测控制：一种先进的控制策略，能够在线预测系统未来行为，并据此优化控制输入，提高系统性能。

(3) 半导体物理与材料科学：理解单晶硅的物理特性、电子性能及其在半导体器件中的应用。

B 关键要点

(1) 数学建模的准确性：确保建立的数学模型能够准确反映微弧等离子切割过程中的物理现象，为控制系统设计提供可靠依据。

(2) 系统辨识的精度：通过多次实验和 MATLAB 编程，精确辨识控制系统的阶次和参数，提高控制系统的鲁棒性和稳定性。

(3) 控制策略的有效性：设计并实现广义预测控制器，实现对放电间隙的精确控制，显著提高切割精度和效率。

(4) 实验验证的必要性：通过实验验证控制系统在实际应用中的效果，确保研究成果的实用性和可靠性。

3.3.5.3 分析思路

教师可以根据自己的教学目标、教学方法和学员的实际情况灵活使用本案例，以下提供一些分析思路，仅供参考。

首先，介绍林兰英院士研发单晶的历程，说明单晶硅在半导体产业中的重要性及其加工难点，特别是切割过程中遇到的问题。其次，引入微弧等离子切割技术，分析微弧等离子切割技术的原理、优势及其在单晶硅加工中的应用潜力与不足，提升研究生在材料科学、电子工程和机械工程等学科领域的知识储备。然后，针对微弧等离子切割单晶硅问题，讲解科研团队是如何通过数学建模、系统辨识与广义预测控制算法逐步建立单晶硅微弧等离子切割的控制系统，使研究生了解从问题识别到技术创新，再到实验验证的完整科研流程，培养研究生综合运用跨学科知识解决实际科研问题的能力。最后，总结数学建模与仿真分析在优化单晶硅微弧等离子切割中的应用成果，讨论该技术的实际应用价值及未来研究方向。

3.3.5.4 思考题

(1) 单晶硅为何被称为半导体材料之王，其优异的电子性能主要体现在哪些方面？

(2) 单晶硅微弧等离子切割技术的基本原理是什么，相比传统线锯切割工艺有哪些显著优势，在实际应用中有哪些技术挑战？

(3) 在实验设计和数据采集过程中，如何确保数据的准确性和可靠性，有哪些常见的方法和工具可以使用？

(4) 如何通过数学建模来描述放电间隙与极间平均电阻之间的关系？

(5) 系统辨识理论在微弧等离子切割机床改造中发挥了哪些作用？

(6) 本案例涉及材料科学、电子工程和机械工程等多个学科。请举例说明在解决实际科研问题时，如何综合运用这些跨学科知识？

3.4 精准数学计算——勾勒金属筒形件拉深成形工艺设计蓝图

金属筒形件在拉深成形中常遇起皱、开裂等问题，影响产品的质量与经济效益。因此，如何制定并优化合理的材料工艺设计方案，以提升产品质量并降低生产成本，成为金属筒形件拉深领域亟须解决的关键难题。高校科研团队针对金属筒形件拉深成形工艺进行了深入研究，明确了毛坯设计、拉深系数、拉深次数及工序件尺寸等关键参数的确定方法，并通过精准数学计算建立了拉深成形工艺分析的标准流程。通过案例学习，不仅深化了研究生对拉深成形的基本原理和工艺设计思路的理解，也能培养研究生的计算能力和解决复杂工程问题的能力。

3.4.1 案例背景

金属筒形件，作为工业制造中重要组成部分，其发展历史可追溯至 19 世纪末的工业革命浪潮中。彼时，随着石油工业的蓬勃兴起，其对储存与运输容器提出了前所未有的要求。传统的木材与早期金属材料因无法满足石油产品的高强度、耐腐蚀及安全运输的需求，逐渐被更加坚固耐用的金属筒形件所取代，尤其是钢制筒件，以其卓越的物理性能和广泛的应用潜力，迅速成为行业的新宠。

钢制筒形件的崛起，不仅标志着材料科学的一大进步，也改变了能源与物资运输的面貌。其显著优势在于易于加工成型、良好的焊接性能、出色的耐高温与抗辐射能力，以及卓越的耐用性和安全性。这些特性使得钢制筒形件在军事、工业及民用领域大放异彩。特别是在第二次世界大战期间，金属筒形件成为军队后勤保障的关键，如德国与意大利军队利用金属筒形件来运输燃料（图 3-24），其紧凑的圆柱形设计不仅便于堆叠存储，节省了宝贵空间，还大大提升了补给效率。美国作为战后经济强国，更是将战略石油储备计划付诸实践，成为金属筒形件的主要消费者，通过建设地下储油设施，进一步巩固了金属筒形件在能源安全领域的重要地位。

图 3-24 利用金属筒件来运输燃料

随着时间的推移，金属筒件的应用范围逐渐扩大，不再仅限于工业和军事领域，还进入了民用领域（图 3-25）。例如，家庭中使用的油桶就是金属筒件的一个典型代表。此外，金属筒件的制造工艺也在不断进步，经历了从手工到机械化、自动化的飞跃，大大提高了生产效率和产品质量。目前，金属筒形件主要通过冲压这一高效的加工方式制备。冲压是一种在常温下通过模具对平板材料施加压力，使其发生塑性变形或分离的技术（图 3-26）。在冲压成形中，拉深成形技术以其独特的优势，在制造轴对称旋转体零件方面，如不锈钢杯、水桶、笔筒等，展现出非凡的潜力。

图 3-25　筒形拉深件产品

图 3-26　车间深冲金属冲压液压机

然而，金属筒件的生产并非一帆风顺，尤其是在拉深成形这一关键环节上，面临着诸多技术难题。这一过程中，材料内部的应力、应变状态极为复杂且动态变化，稍有不慎便可能引发失稳起皱、开裂等成形缺陷。这些缺陷不仅影响产品的外观，更重要的是可能对其结构强度、密封性能及使用寿命造成严重影响，甚至导致安全事故的发生。

3.4.2　案例分析

在金属制品领域，筒形件作为一种基础且多功能的部件，其生产与应用不仅关乎制造业的精细化发展，更深刻影响着国民经济的多个层面。从简单的临时储存容器到复杂的工业包装、销售包装乃至运输包装等方面，筒形件的作用日益重要，其拉深生产技术也随之面临着多个需要解决的问题，这些问题涉及工艺设计、材料特性、模具设计、成形质量以及生产效率等多个方面。

3.4.2.1　制耳缺陷

在筒形件的拉深成形过程中，制耳缺陷是一个常见且棘手的问题（图 3-27）。这种缺陷表现为成形后筒壁杯口边缘出现参差不齐、波浪形的突出部分，不仅影响产品的外观质量，还可能对后续加工和使用造成不便。产生制耳现象的原因主要有：(1) 材料的各向异性：金属材料在冷轧过程中会形成特定的方向性，即织构，不同方向上的力学性能可能会有所不同，导致在成形时发生变形不均匀；(2) 加工硬化：在成形过程中，金属材料局部区域的塑性降低，使应力集中，从而加剧了制耳现象；(3) 模具设计和工艺参数：模具形状、模具间隙、成形速度等工艺条件也可能影响制耳现象的严重程度。

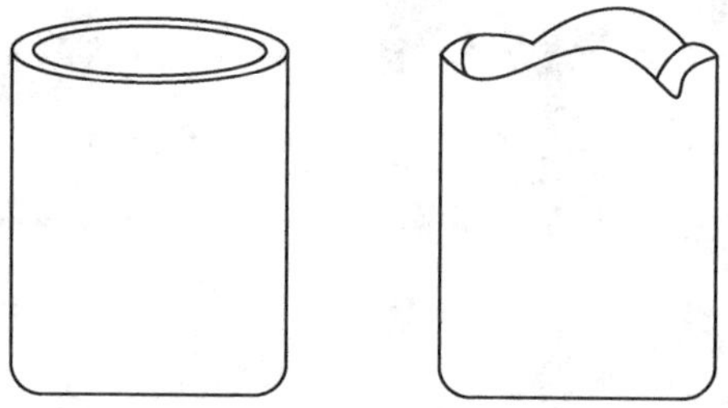

(a)　(b)

图 3-27　制耳缺陷

(a) 无制耳；(b) 有制耳

因此，在筒形件拉深成形后，通常增加修边工序。这就要求在计算板料尺寸时预留合理的修边量，既要避免修边不足导致的拉深高度不够，又要防止修边过多增加材料浪费和拉裂风险。

3.4.2.2　拉裂问题

拉裂是筒形件生产中另一重大难题，尤其在筒壁与底部圆角交界处，由于材料厚度减薄、硬度降低，成为拉裂的高发区。在拉深过程中，筒壁部分起到传递拉深力的作用，近似受到单向拉应力的作用，而凸模转角处的弯曲应力进一步加剧了金属材料的抗拉强度。一旦拉深力超过材料的极限承载能力，便会导致拉裂（图 3-28）。

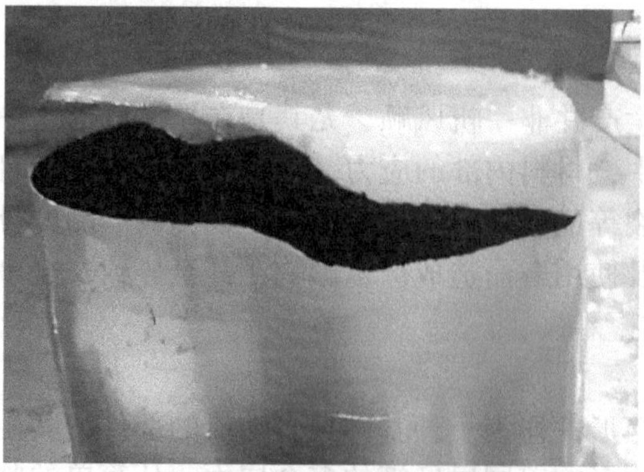

图 3-28　金属筒件的拉裂

防止拉裂的策略包括：一是选用高强度、高韧性的材料，提高筒壁的抗拉强度；二是优化模具设计，如增大圆角半径以减小应力集中，采用适当的润滑措施减少摩擦阻力；三是控制拉深变形程度，通过多次拉深或中间退火等方法，分散变形量，降低单次拉深过程中的应力。

3.4.2.3 起皱现象

起皱是筒形件拉深过程中的一类常见问题，表现为平面凸缘区在切向压应力作用下产生波浪形拱起。起皱不仅影响产品的尺寸精度和表面质量，还可能因皱褶处的应力集中而引发更严重的成形缺陷（图 3-29）。

图 3-29 金属筒件的起皱

控制起皱的关键在于提高板料的稳定性。具体措施包括：采用压料装置，如压边圈或拉深筋，以增大凸缘区的径向拉应力，抑制起皱；优化模具结构，如采用锥形凹模配合压料圈，改善材料流动条件；调整拉深系数，使之与材料性能和模具参数相匹配，避免过度起皱。

通过合理的工艺设计、材料选择以及模具设计等措施可以预防和解决筒形件拉深工艺中常见的制耳、拉裂以及起皱三种问题。其中，工艺设计是核心环节，它直接关系到拉深过程中的应力分布与材料流动状态。因此，合理制定并优化工艺设计对改善金属筒件拉深成形具有重要意义。

3.4.3 精准数学计算赋能金属筒件拉深成形

在金属加工车间的一角，高校科研团队正围着一台拉深机忙碌着。他们的目标是将一块 08 钢坯料，通过拉深工艺，变成如图 3-30 所示的无凸缘圆筒形零件。这个零件看似简单，实则对工艺设计有着极高的要求。一方面，要保证零件的尺寸精度和表面质量；另一方面，还要避免在拉深过程中出现的起皱、破裂等缺陷。面对这样的挑战，团队负责人深知，仅凭经验或简单的试错是远远不够的。团队决定从工艺设计的源头入手，通过科学的方法和严谨的计算，为这次拉深成形制定出一套完美的方案。

工艺设计的第一步，是对原材料和成品零件进行精准的测量。团队首先测量了坯料的厚度（$t=2$ mm）和成品零件的尺寸（内径 $d=88$ mm，高度 $H=199$ mm）。这些数据将成为后续计算和设计的基础。接着，他们根据形状相似原则和表面积相等原则，计算出毛坯

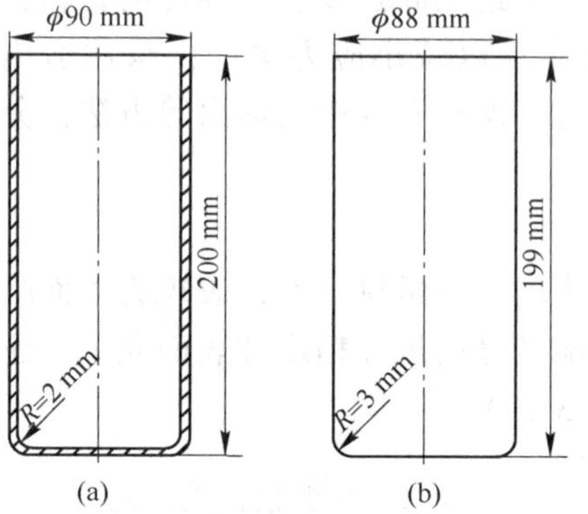

图 3-30　无凸缘圆筒形拉深件尺寸

（a）零件图；（b）中线尺寸

的直径 $D=283$ mm。这一步骤至关重要，因为它直接关系到拉深过程中材料的流动性和变形程度。

起皱是拉深成形中常见的问题之一，它会导致零件表面不平整，甚至影响后续加工。为了预防起皱，团队利用平端面凹模起皱判定标准，计算出在本次拉深过程中需要使用压边圈。于是，他们在模具设计中加入了压边圈，并设定了合适的压边力。这样一来，毛坯在拉深过程中就能被有效地控制在压边圈和凹模断面之间的间隙中流动，从而大大降低了起皱的风险。

拉深次数的确定是整个工艺设计的核心环节。团队深知，拉深次数过多会增加生产成本和加工周期；而拉深次数过少则可能导致材料变形过大，引发破裂等缺陷。因此，他们决定通过计算总拉深系数 $m_{总}$ 与首次拉深允许的极限拉深系数 m_1 的比较，来判断能否一次拉成。这里，拉深系数 m 指拉深后圆筒件直径与拉深前毛坯或半成品直径之比，间接反映了毛坯外缘在拉深时切向压缩变形的大小，可用于衡量每次允许的拉深变形程度（图 3-31）；而总拉深系数 $m_{总}$ 等于各次拉深系数的乘积；由于极限拉深系数会受拉深方法、拉深速度、拉深件形状等因素的影响，所以在实际生产中使用经验值，首次拉深的极限拉深系数

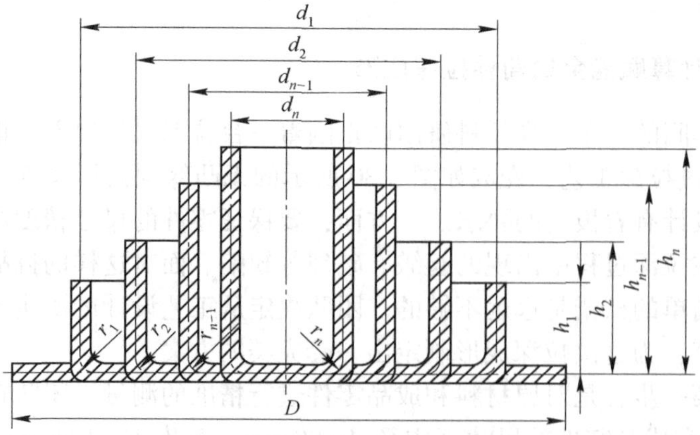

图 3-31　多次拉深工序示意图

m_1 为 0.46~0.60。经过计算，他们发现 $m_{总}$ 总小于 m_1，说明该零件不能一次拉成。于是，团队转而采用多次拉深的方法。他们利用推算法和查表法相结合的方式，确定了拉深次数为 4 次，并计算出了每次拉深后的工序件直径 d_n。此外，在优化变形程度方面，团队充分考虑了材料性能、模具结构以及拉深条件等多种因素，他们通过调整拉深系数、凸模和凹模的圆角半径以及间隙大小等参数，使得每次拉深都能在保证材料不破裂的前提下，尽可能地接近极限变形。

在确定了拉深次数和每次拉深的工序件直径后，团队开始细化各次拉深的工序件尺寸。他们不仅计算了工序件的高度 H_n 和筒底圆角半径 r_n，还考虑了修边余量 Δh 对尺寸精度的影响。通过反复的计算和校核，最终确定了各次拉深的工序件尺寸。这些尺寸不仅满足了成品零件的尺寸要求，还充分考虑了加工过程中的各种误差因素，确保了最终产品的精度和质量。

在完成了所有的计算和设计工作后，团队绘制了详细的拉深工序图，如图 3-32 所示。这张工序图清晰地展示了每次拉深的工序件尺寸、模具结构以及加工顺序等信息。它不仅为生产人员提供了明确的操作指导，还方便后续的工艺改进和质量控制。

经过科研团队的精心设计和不懈努力，这次金属筒形件的拉深成形取得了圆满成功。成品零件的尺寸精度和表面质量均达到了设计要求，且在整个拉深过程中没有出现起皱、破裂等缺陷。这一成果不仅赢得了客户的赞誉和信任，也为团队积累了经验和技术储备。通过这次实践，团队不仅为金属加工行业提供了宝贵的经验和技术支持，也为未来更复杂零件的成形研究奠定了坚实基础。他们相信，只要继续深化理论研究与工艺实践的结合，不断探索和创新，就一定能够攻克更多的技术难题，推动金属加工行业向更高水平发展。

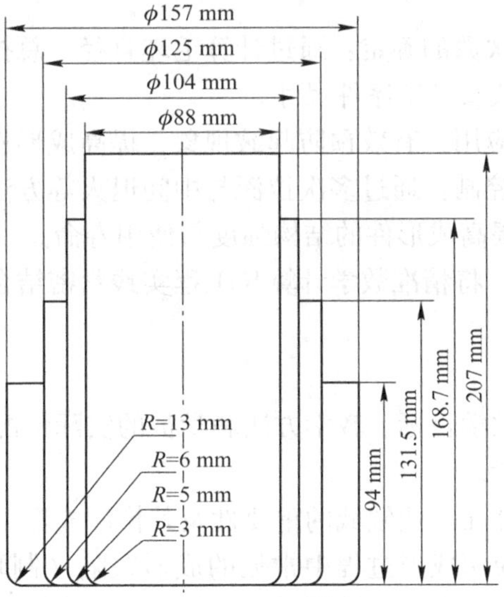

图 3-32 无凸缘圆筒件拉深工序图（中线尺寸）

3.4.4 结语

基于金属筒形件在工业生产中的广泛应用及其拉深成形过程中面临的制耳、拉裂及起皱等难题，以高校科研团队的研究为例，深入探讨了精准数学计算在金属筒形件拉深成形工艺设计中的应用。通过精确测量原材料与成品零件尺寸，结合形状相似原则和表面积相等原则，计算毛坯直径，并引入压边圈预防起皱；通过计算总拉深系数与首次拉深极限拉深系数的比较，确定了多次拉深的必要性，并详细规划了各次拉深的工序件尺寸及模具设计；最终，成功制备出无凸缘圆筒形零件。本研究不仅为金属筒形件的生产提供了理论依据和技术支持，也为工程实践中的工艺优化提供了参考。

3.4.5 案例使用说明

3.4.5.1 适合课程

塑性成形原理、塑性成形工艺、冲压工艺与模具设计、金属固态成形原理、先进制造技术、工程力学与材料力学等课程。

3.4.5.2 理论依据与关键要点

A 理论依据

（1）材料力学：分析金属材料在拉深过程中的应力应变状态，为优化工艺设计提供理论基础。

（2）塑性成形理论：指导拉深成形工艺的设计与实施，确保成形过程的顺利进行。

（3）数值计算方法：运用数学模型进行精确计算，预测并优化成形过程中的各种参数。

B 关键要点

（1）精准测量与计算：确保原材料与成品零件尺寸的精确性，为工艺设计提供可靠依据。

（2）毛坯尺寸与拉深次数的确定：通过计算毛坯直径、总拉深系数与首次拉深极限拉深系数，合理确定拉深次数及各工序件尺寸。

（3）压边圈的设计与应用：有效预防起皱现象，提高成形件的质量与稳定性。

（4）工艺优化与质量控制：通过多次拉深与中间退火等方法，分散变形量，降低单次拉深过程中的应力水平，提高成形件的结构强度与使用寿命。

（5）理论与实践结合：将精准数学计算与工程实践紧密结合，不断提升工艺设计水平与生产效率。

3.4.5.3 分析思路

教师可以根据自己的教学目标、教学方法和学员的实际情况灵活使用本案例，以下提供一些分析思路，仅供参考。

首先，概述金属筒形件在工业领域的重要性及其拉深成形工艺的发展历史与现状。然后，详细列举金属筒形件拉深成形过程中常见的成形缺陷（制耳、拉裂、起皱），并深入剖析其产生原因，帮助研究生建立对拉深成形工艺的基本认识。其次，介绍精准数学计算在优化拉深工艺中的应用思路，包括毛坯尺寸计算、拉深次数确定、工序件尺寸规划等关键步骤，并以高校科研团队的实际研究为例，详细阐述了如何通过精准数学计算优化金属筒形件的拉深成形工艺，引导研究生掌握筒形件拉深成形过程分析、质量控制、工艺设计、参数确定的能力。最后，对比精准数学计算与传统经验法在优化拉深工艺中的效果差异，总结精准数学计算在优化金属筒形件拉深成形工艺中的重要作用，并展望其在未来工业生产中的广泛应用前景。

3.4.5.4　思考题

（1）拉深工艺中会出现哪些失效形式，产生的原因和防止措施是什么？

（2）什么是圆筒形件的拉深系数，影响极限拉深系数的因素有哪些，拉深系数对拉深工艺有何意义？

（3）如何通过高精度计算确定毛坯直径和拉深次数？请举例说明。

（4）压边圈在拉深成形中起什么作用，如何选择合适的压边力？

（5）结合本案例，谈谈你对工艺设计在金属加工中的重要性有何认识？如何进一步优化工艺设计以提高产品质量？

3.5　有限元分析——SK85 高强钢板的质量“占卜师”和工艺“领路人”

在冷轧生产高强钢板材时，由于板材难以变形且冷轧工艺参数复杂、影响因素多，板材平直度和板凸度难以控制。因此，寻求热处理和轧制工艺参数的最优配合，进而调控轧制过程中板材板形质量和尺寸公差成为高强钢板冷轧亟须解决的问题。本案例基于佛山市高明基业冷轧钢板有限公司的高强钢板材轧制过程数值模拟项目，全面讲解 SK85 高强钢板冷轧全过程有限元模型的建立和应用过程，并从平直度和板凸度两个方面研究弯辊力、前张力、后张力、不同张力组合、摩擦因数、轧辊直径等参数对板形质量的影响规律，获得 SK85 高强钢钢板轧制工艺窗口，为企业实际生产制造提供理论指导。该案例能引导研究生从掌握基本方法过渡到提出新的方案和解决问题的思路，训练研究生的创造性思维，提升实践创新的能力。

3.5.1　案例背景

佛山市高明基业冷轧钢板有限公司（简称高明基业）成立于 2001 年，是华南地区一家主要生产冷轧钢板的中外合资企业（见图 3-33），公司生产的产品包括普碳酸洗板、普碳冷轧薄板、电工钢板、镀锌钢板等（见图 3-34），被应用于家电、五金、建筑等行业。

图 3-33　佛山市高明基业冷轧钢板有限公司

(a)

(b)

图 3-34 高明基业产品展示
（a）冷轧钢卷；（b）镀锌钢卷

然而，高明基业在生产 SK85 高强钢钢板的过程中，遇到了挑战：如何有效提升板材的平直度与板凸度，进而全面改善板形质量。平直度和板凸度是衡量板形质量的重要指标。板材的平直度是用来衡量板材翘曲程度的指标，即把板材自然地放置在水平面上，观察纵向上板材与水平面的距离，其优劣直接影响产品的使用性能与外观美观度。板材的板凸度又称带钢横向厚度差，是指板带材沿宽度方向的厚度差，关乎板材横断面的精确成型。有效控制带钢板凸度不仅可以防止如楔形等缺陷的出现，而且能够保证带钢平直度。遗憾的是，SK85 高强钢板因其极高的强度和硬度特性，使得变形过程极为困难，加之冷轧生产工艺的复杂性及多因素影响，板材平直度和板凸度难以控制。因此，寻求热处理和轧制工艺参数的最优配比，进而调控轧制过程中板材板形质量和尺寸公差成为高强钢板冷轧亟须解决的问题。

3.5.2 案例分析

钢板轧制企业在生产高强钢钢板过程中急需提高板材平直度和板凸度，从而达到改善板形质量的目的。但由于高强度、高硬度等特性，高强钢板材难以变形，并且在实际生产过程中，高强钢板材的冷轧生产工艺参数复杂、影响因素多，板材平直度和板凸度难以控制。因此，寻求热处理和轧制工艺参数的最优配比，进而调控轧制过程板材板形质量和尺寸公差成为高强钢板冷轧亟须解决的问题。

钢厂通过实验寻求板材热处理和轧制工艺参数的最优配合虽然具有科学性和准确性，但也面临着时间成本高、资源消耗大、技术难度高、精度和稳定性难以保证以及成本高等劣势，因此越来越不被企业采纳。随着计算机模拟技术的飞跃式进步及其在各个领域的广泛应用，有限元分析方法已成为提升企业研发效率、降低成本与资源消耗的得力工具。在钢板的生产过程中，这一技术更是展现出了其独特的优势，有望帮助企业实现对板材平直度、板凸度的精细调控，进而优化整体的板形质量。近年来，学术界通过有限元分析对轧制工艺参数与板材质量之间的复杂关系进行了深入探讨，取得了显著的研究成果，为高强钢板冷轧工艺的持续优化指明了道路。尽管理论研究成果丰硕，但如何将这些知识有效转化为实际生产中的工艺指导，特别是在利用有限元模型精准预测并控制板材质量，仍是高明基业面临的一大挑战。

3.5.3 有限元分析助力 SK85 板材的质量预测与控制

为了攻克这一难题，2019 年，高明基业与高校携手启动了产学研深度合作项目——“高强钢板材轧制过程数值模拟”（图 3-35）。双方经过多次深入交流与讨论，最终计划通过有限元数值模拟技术，系统探究轧制过程的各项关键参数对板材的平直度、板凸度和板形质量的影响，最终明晰 SK85 高强钢板材轧制工艺窗口。

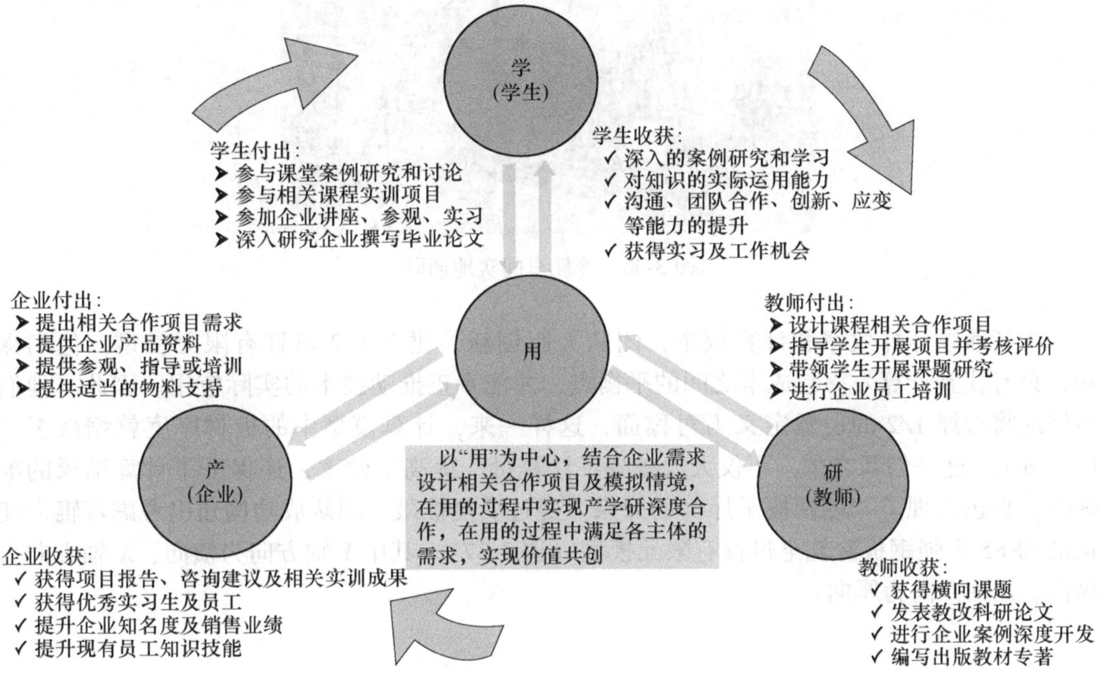

图 3-35　产学研联动

万里长征的第一步是构建高强钢板材轧制的有限元模型。为了获得精准可行的模型，高校科研项目团队全面梳理了影响 SK85 高强钢板材变形的关键因素。他们基于对现有文献的深入研究，指出高强钢板材的变形主要受轧制工艺参数与轧辊辊系因素的综合影响。其中轧制工艺参数主要包括弯辊力、前张力（Front Tension，FT）、后张力（Back Tension，BT）、不同张力组合和摩擦因数；轧辊辊系因素众多，相较于其他轧辊辊系因素，轧辊直径对板材板形质量影响较大，因此只研究轧辊直径对板材板形质量的影响。在轧制过程中，弯辊力、张力、摩擦因数和轧辊直径等工艺参数的改变会影响板材的平直度和板凸度。为了精准把握这些参数变化对板材质量的影响，团队计划通过间接分析方法，重点考察纵向残余应力、横向厚度位移量以及轧制力等关键指标。其中，通过研究纵向残余应力的变化来衡量板材的平直度。通过研究横向厚度位移量的变化来衡量板材的板凸度。此外，轧制力作为轧制过程中的核心参数，其变化往往预示着工艺参数调整的效果，对于理解整个轧制过程具有重要参考价值。

项目负责人深知理论知识之外，实践经验同样宝贵。因此，在总结提炼海量文献的基础上，他深入生产一线，在生产车间观察钢板冷轧的每一道工序，并与技艺娴熟的工人师傅深入交流，虚心求教，从实际加工工艺中提炼出宝贵的建模参数（图 3-36）。这些来自生产一线的第一手资料，如同拼图碎片，逐渐拼凑出 SK85 高强钢板材加工的全貌，为精准模型的构建铺设了坚实的基石。

图 3-36 冷轧车间实地调研

为了兼顾计算效率和计算成本，团队大胆创新，建立 1/2 对称有限元模型。他们深知，只有找到计算效率与成本之间的平衡点，才能真正推动技术的实际应用。因此，他们巧妙地将板厚 1/2 的位置定义为对称面，这样一来，计算模型中的板材厚度就缩减至了 1.25 mm。这一创新之举，不仅大大减少了计算量，提高了效率，还保证了计算结果的准确性，真正实现了“四两拨千斤”的效果。经过反复推敲，团队成功构建出考虑弯辊力变化的 SK85 高强钢板冷轧全过程有限元模型（图 3-37）。其中 Y 轴方向为横向，X 轴方向为纵向，Z 轴方向为厚向。

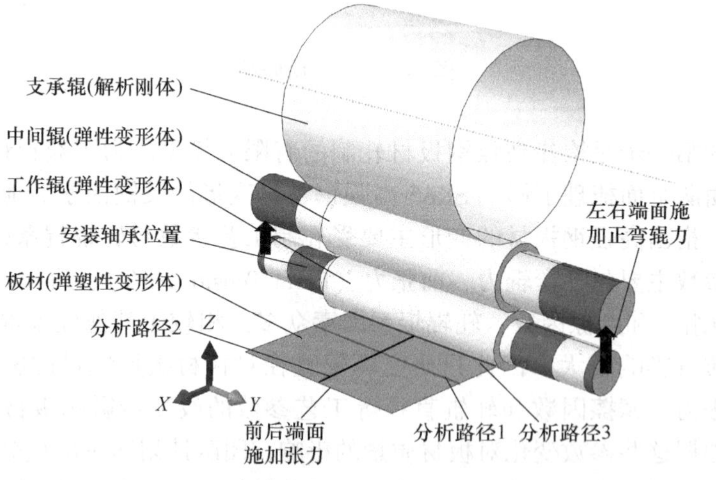

图 3-37 SK85 高强钢板冷轧过程有限元模型

为了全方位解析这个模型系统，他们精心设计了三条分析路径，并将板材设置为弹塑性变形体，将轧辊中只起到支撑作用的支撑辊简化为解析刚体，而中间辊和工作辊的红色区域端部及工作辊靠近辊面工作区处，由于安装轴承固定，设置为刚体，其余部分设置为弹性变形体。变形体单元类型为八节点线性六面体，减缩积分 C3D8R 单元。单机架可逆六辊冷轧机的建模基于工厂提供的实际轧机装配图，轧辊的尺寸参数及装配关系均与装配图保持一致。

有限元模型的构建仅是整个研究的起点，真正的挑战在于如何将该模型有效应用于实际轧制过程的仿真模拟。通过采用等效塑性应变分布云图（图 3-38），研究团队能够实时监测 SK85 高强钢板材冷轧过程中材料的变形状态。在不同的轧制阶段，材料的变形特征表现出显著差异：在咬入阶段，板材的前端与轧辊接触，此时仅前端区域发生变形；在稳定阶段，板材的中部与轧辊接触，变形过程趋于稳定；而在甩尾阶段，随着板材即将脱离轧辊，变形和轧制过程基本结束。

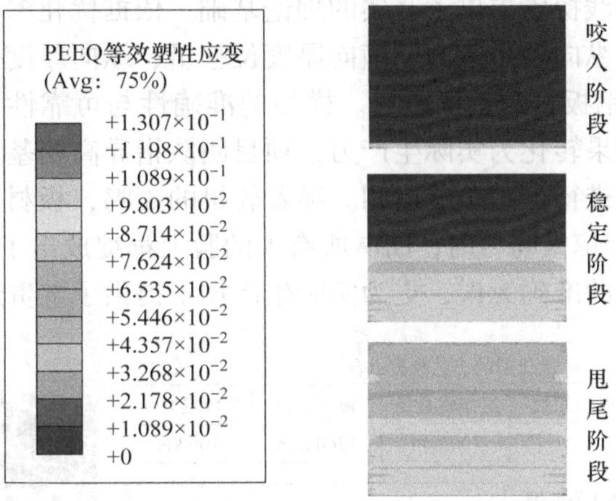

图 3-38　SK85 高强钢板材轧过程等效塑性应变云图

在探索 SK85 高强钢板材冷轧工艺优化的过程中，项目团队面临了多项技术挑战，并通过系统模拟分析，逐一攻克了这些难题。

（1）弯辊力对板形质量的影响。面对传统机械力调整方式在高速轧机中的局限性，团队决定基于液压控制技术来精准调控轧辊弯辊力。通过模拟实验，他们发现弯辊力越大，板材纵向残余应力越小，分布更均匀，显著减少了板材内应力和翘曲现象，提高了平直度。同时，弯辊力补偿轧辊弹性弯曲变形，有效增大了横向厚度位移量，提升了板材压下量，从而改善了板形质量。最终，确定了 300 kN 为最优弯辊力参数，为高质量板材生产奠定了坚实基础。

（2）张力对板形质量的综合影响。在锁定弯辊力后，团队进一步研究了前、后张力对板形质量的影响。模拟实验表明，当前张力从 70 kN 增至 170 kN 时，纵向残余应力显著减小且分布更均匀，有效提高了板材平直度。尽管前张力对轧制后板材横向厚度位移量分布均匀性有影响，但对轧制力影响较小。在固定前张力为 170 kN 的基础上，后张力从 50 kN 增至 150 kN 时，纵向残余应力先增大后趋于稳定，横向厚度位移量显著增大且分布更均匀，板凸度得到控制。团队还发现了一个有趣的现象：后张力的增加导致轧制力有所下降，表明外部张力在特定条件下可减轻内部轧制负担。

（3）固定张力差下的张力值优化。团队还探索了在固定张力差条件下，张力值变化对板材质量的综合效应。他们发现，张力值在 220 kN 以下时，板材残余应力减小，压下量增加；但超过此值后，残余应力激增，板形质量恶化。这让团队意识到，张力值需控制在合理范围内，以避免“过犹不及”的现象。

（4）摩擦因数与轧辊直径的精细调控。通过模拟不同摩擦因数下的轧制过程，团队发现摩擦因数为0.08时，板材残余应力小，横向厚度位移量较大，且方差最小，平直度与板凸度均优。随后，团队在沿用以上研究结果基础上模拟了不同直径轧辊下的轧制效果，发现 ϕ400 mm 直径的轧辊在残余应力、横向厚度位移量及轧制力方面均达到最佳平衡，确保了最优的板形质量。

经过一系列严谨而细致的数值模拟分析，项目团队成功优化了 SK85 高强钢板材的冷轧工艺，最终确定了高强钢板材轧制的工艺窗口，它不仅标注了通往高质量板材生产的黄金路径，更为后续的实践探索提供了坚实的理论基础。依据优化参数组合，团队再次启动了仿真模拟，通过板材纵向残余应力、横向厚度位移量、纵向厚度位移量及轧制力的分布情况预测了 SK85 高强钢板材的板形质量。模拟的准确性与可靠性还需要实践的检验。为了将这份宝贵的理论成果转化为实际生产力，项目团队指导高明基业将模拟参数应用于实际生产，并对板材质量进行全程跟踪监测。随着轧机的轰鸣，板材缓缓通过轧辊。当看到实验数据曲线与模拟结果惊人吻合时，团队所有人的脸上都绽放出了胜利的微笑（图 3-39）。因为这不仅证明了模拟的准确无误，更为实际生产加工提供了宝贵经验和数据支持。

优化前的工艺参数组合

前、后张力	摩擦系数	工作辊直径	板坯宽度	弯辊力
170 kN、165 kN	0.06	400 mm	1260 mm	100 kN

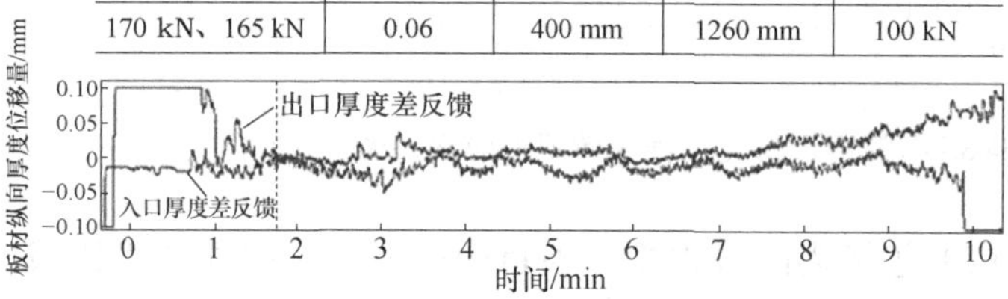

优化后的工艺参数组合

前、后张力	摩擦系数	工作辊直径	板坯宽度	弯辊力
220 kN、200 kN	0.08	400 mm	1260 mm	300 kN

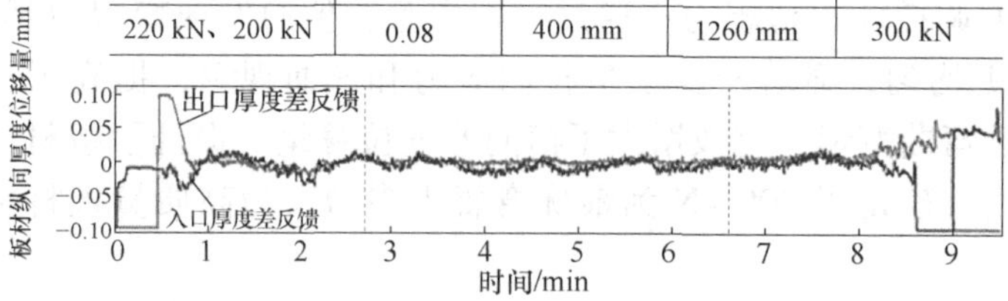

(a)

(b)

图 3-39 模拟参数的实践效果

（a）实验结果与数值模拟结果对比；（b）最佳冷轧工艺参数下的冷轧产品

扫码看彩图

3.5.4 结语

构建有限元模型，模拟各因素影响，确定最终工艺窗口，高校科研项目团队利用自建的 SK85 高强钢板冷轧全过程有限元模型，从平直度和板凸度两个方面揭示了弯辊力、前张力、后张力、不同张力组合、摩擦因数、轧辊直径等参数对板形质量的影响规律，确定了高强钢板材轧制的工艺窗口，并将理论研究与高明基业的实际生产需求无缝对接，为高强钢板材生产质量的全面提升提供强有力的技术支持，更为钢铁企业技术创新和转型升级探索了新的方向。

3.5.5 案例使用说明

3.5.5.1 适合课程

材料成型计算机模拟，金属塑性成形过程数值模拟与智能计算、材料加工工程、金属塑性成形原理与技术、有限元分析与工程应用等课程。

3.5.5.2 理论依据与关键要点

A 理论依据

（1）塑性力学：为分析高强钢板材在冷轧过程中的变形行为提供理论基础。

（2）有限元分析理论：指导有限元模型的构建、求解及结果分析。

（3）轧制工艺学：结合轧制工艺特点，合理解释模拟结果并优化工艺参数。

B 关键要点

（1）有限元模型的精准构建：确保模型能够准确反映实际轧制过程中的物理现象，特别是材料变形行为。

（2）关键参数的全面分析：通过数值模拟系统分析弯辊力、张力、摩擦因数、轧辊直径等参数对板材平直度和板凸度的影响。

（3）工艺参数的优化组合：基于数值模拟结果，确定最优工艺参数组合，以实现高强钢板材的高质量生产。

（4）理论与实践的紧密结合：将有限元分析结果成功应用于实际生产，通过实践检验模型的准确性和有效性。

（5）持续的技术创新：通过产学研合作，推动企业在技术创新和转型升级方面取得新突破。

3.5.5.3 分析思路

教师可以根据自己的教学目标灵活使用该案例，这里提出的“案例事件思考—问题识别与解决方案—模型构建与验证—实践应用与效果评估”分析思路仅供参考。

首先，阐述高明基业的公司概况、主要产品及其在冷轧钢板生产中的挑战。其次，明确 SK85 高强钢板材在冷轧过程中遇到的平直度和板凸度控制难题以及有限元分析方法在解决冷轧工艺难题中的应用，包括构建有限元模型、设定分析路径及关键参数等，指导研究生掌握利用有限元数值模拟技术解决冷轧过程中的复杂弹塑性变形难题的基本思路。然后，详细描述有限元模型的构建过程，包括对称模型设计、材料属性设置、边界条件及加载方式等，并通过与实验结果对比验证模型的准确性。最后，将数值模拟确定的最优工艺参数应用于实际生产，跟踪监测板材质量，评估有限元分析在生产实践中的有效性，引导研究生利用课程中所学理论和技术去解决现场问题，形成理论学习-实践应用闭环，培养研究生在材料加工领域的数值模拟能力、问题解决能力和理论联系实际的创新能力。

3.5.5.4 思考题

（1）板形质量的评价标准是什么？

（2）板材平直度是指什么？

（3）板材板凸度是指什么？

（4）讨论高强钢板冷轧成形过程中有哪些工艺参数及其相应的具体作用？

（5）冷轧参数对 SK85 高强钢板冷轧成品质检起到了至关重要的作用，这些参数的变化共同衡量了板材的板形质量。讨论冷轧参数对板形质量的影响是通过哪些因素来间接影响的？具体如何影响？

3.6　分子动力学模拟——铸就飞行器摩擦部件的 DLC 耐磨之盾

摩擦磨损现象会导致行星齿轮等精密活动部件失效，从而缩短飞行器的寿命。开展高硬度、低摩擦、长寿命的 DLC（类金刚石）复合薄膜设计研究，有望实现精密齿轮复杂型面耐磨润滑薄膜的可控制备，进而提升精密运动部件的可靠性。本案例以应用于行星齿轮的 DLC 薄膜为研究对象，采用分子动力学模拟研究揭示了 W 原子或 MoS_2 化合物掺杂对 DLC 薄膜力学性能和摩擦性能的影响机制，为高性能复合 DLC 薄膜的制备提供了理论支撑，让研究生在案例中了解摩擦磨损的危害和解决方法，夯实分子动力学的理论基础，培养研究生的科学实验思维和问题解决能力，达到培养综合型人才的目的。

3.6.1　案例背景

摩擦现象广泛存在于在人类社会的生产活动中，根据相关机构的统计，世界能源约有 1/3 因摩擦磨损而失效，而 80%以上的机械零部件失效都是由磨损造成的（图 3-40）。对于工业国家来说，磨损引起的损失甚至能达到国民生产总值的 1%~4%。美国在 20 世纪 80 年代公布的数字指出，仅仅材料损耗每年就有约 200 亿美元，而因摩擦磨损造成的各方面损失则高达 1000 亿美元，这笔庞大的损失甚至相当于材料年产值的 7%。中国的五大行业，包括冶金、农机、煤炭、电力和建材，因为摩擦磨损导致的直接或间接的经济损失已超过 600 亿元，这是一个令人震惊的数字。经过统计分析，机械故障的根源并非仅仅局限于零部件的断裂，更多的是由于动态连接件与机构件之间的摩擦力造成的损伤，从而使得许多机构无法满足预期的使用寿命和性能标准。近年来，随着航空航天等领域的迅猛发展，对材料的摩擦磨损性能提出了更为苛刻的要求。

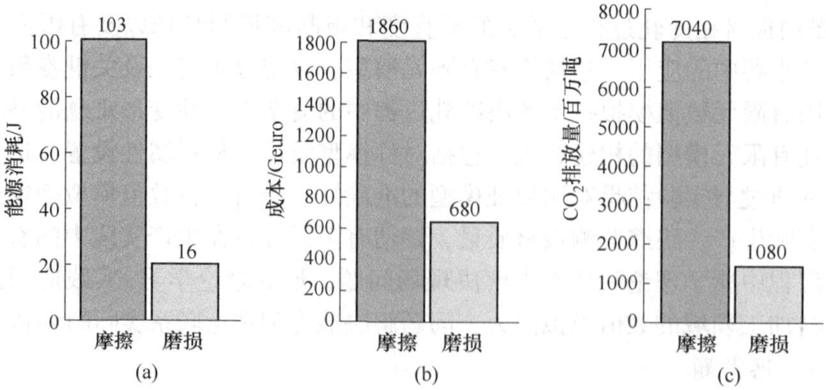

图 3-40　全球摩擦和磨损造成的能源消耗、成本和二氧化碳排放

（a）能源消耗；（b）成本；（c）二氧化碳排放

卫星等空间飞行器必须具备长期可靠服役和快速响应的能力，其太阳翼、着陆器以及机械臂等关键部位的精密运动部件的可靠性成为飞行器寿命的短板。其精密运动部件主要包括谐波齿轮、行星齿轮、谐波驱动机构以及行星驱动机构等（图3-41），这些部件的精度和寿命亟须大幅度提升。行星齿轮是一种常见的传动装置，由内外齿轮和行星轮组成；传统的行星齿轮在运动过程中会产生明显的摩擦和磨损，降低了传动效率和使用寿命。DLC（Diamond-Like Carbon，类金刚石）薄膜具有极高的硬度，可以达到2000~3000 HV，将DLC薄膜应用于行星齿轮的表面，能够在行星齿轮的表面形成坚硬的保护层，防止齿轮表面的金属直接接触。此外，DLC薄膜还具有低摩擦系数的特性，使得行星齿轮在运动过程中摩擦损失减少。这不仅提高了行星齿轮的传动效率，还减少了能量损耗和热量产生。开展高硬度、低摩擦、长寿命的DLC基梯度复合薄膜设计制备技术研究，有望实现精密齿轮复杂型面耐磨润滑薄膜的可控制备，进而为提升卫星关节、行星齿轮等精密运动部件的可靠性提供可行方案。

图3-41　空间飞行器及其精密齿轮

（a）北斗卫星；（b）火星探测器；（c）精密行星齿轮；（d）精密谐波齿轮

3.6.2　案例分析

卫星等空间飞行器须具备长期服役与快速响应的能力，其精密运动部件（如行星齿轮等）的可靠性制约飞行器寿命，这些部件的精度和寿命亟须大幅度提升。但传统行星齿轮摩擦磨损显著，影响传动效率与寿命。为解决此问题，高硬度、低摩擦的 DLC 薄膜被应用于齿轮表面，以减少摩擦损失（图 3-42）。DLC 薄膜是一种由类似于钻石结构的非晶状碳组成的薄膜材料。它具有许多优异的性质：首先，DLC 薄膜具有极高的硬度，比大多数金属和陶瓷材料都要硬，可以提供出色的抗磨损和耐蚀性能；其次，DLC 薄膜具有低摩擦系数，可以减少摩擦损失和能量损耗；此外，DLC 薄膜还具有高化学稳定性和生物相容性，可以在恶劣环境和生物体内长期稳定地工作。总之，DLC 薄膜既具有类似于金刚石的硬度、耐磨性和化学稳定性，同时又具有非晶状碳的特点，如低摩擦系数和高抗腐蚀性。它最早由日本科学家在 20 世纪 70 年代末开发出来，最初用于减少磁头和磁盘之间的摩擦，提高磁盘驱动器的性能。随着技术的发展，DLC 薄膜的应用范围逐渐扩大，现在已经广泛应用于汽车、航空航天、光学、电子和医疗等诸多领域，并使得这些领域的产品和设备能够获得更好的性能和寿命。这些特性的实现得益于多种先进的制备技术，包括物理气相沉积（PVD）、化学气相沉积（CVD）、离子束辅助沉积（IBAD）、磁控溅射（MS）、分子束外延（MBE）以及电弧离子镀（AID）等方法。

图 3-42 齿轮表面的 DLC 薄膜

随着科学技术和计算机水平的进步，计算材料学在摩擦学领域的应用逐渐受到关注。将其用于模拟研究 DLC 薄膜，不仅可以揭示 DLC 薄膜的摩擦学性能、磨损机制以及表面润滑行为；还可以帮助研究人员深入了解 DLC 薄膜的结构、力学性质和摩擦学行为，模拟 DLC 薄膜的生长过程，研究不同工艺参数对薄膜结构和性能的影响；此外，也可以揭示 DLC 薄膜中碳原子的排列方式、键合性质以及与基底材料的相互作用。这些研究可以帮助优化 DLC 薄膜的制备工艺，提高其质量和性能。

在第一性原理计算、分子动力学和有限元模拟等几种模拟手段中，分子动力学更适合于 DLC 薄膜的研究。分子动力学（Molecular Dynamics，MD）是一种用于模拟和研究分子和原子尺度上的物理过程的计算模拟方法。通过对分子、原子在一定时间内运动状态的模拟，从而以动态观点考察系统随时间演化的行为。通常，分子、原子的轨迹是通过数值求解牛顿运动方程得到。分子动力学模拟是分子模拟中最接近实验条件的模拟方法，能够从原子层面给出体系的微观演变过程，直观的展示实验现象发生的机理与规律，促使学术研究向着更高效、更经济、更有预见性的方向发展。目前，研究人员通过分子动力学模拟来模拟 DLC 薄膜与其他材料之间的相互作用、研究摩擦系数、磨损机制和润滑性能等，还研究 DLC 薄膜的力学性能如弹性模量、硬度和断裂强度等。此外，分子动力学还可以帮助研究 DLC 薄膜与基底材料之间的界面行为，如黏附力、界面结构和界面扩散等。通过模拟不同条件下的原子或分子运动，可以预测薄膜的力学行为，并优化薄膜的性能。甚至还可以借助第一性原理分子动力学从电子尺度对 DLC 的机理进行研究，如图 3-43 所示。分子动力学模拟为研究 DLC 薄膜的结构、性质和应用提供了一种有效的工具和方法。通过模拟和分析，可以揭示 DLC 薄膜的微观机制，为其在实际应用中的优化和改进提供科学依据。

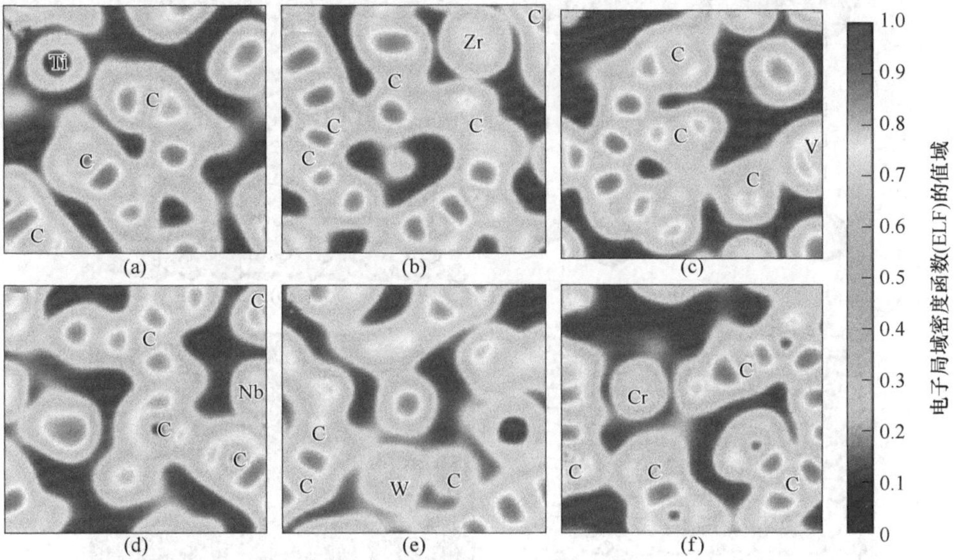

图 3-43　Me-DLC 的电子定位函数

(a) Ti-DLC；(b) Zr-DLC；(c) V-DLC；(d) Nb-DLC；(e) W-DLC；(f) Cr-DLC

然而，目前分子动力学用于摩擦学领域还有诸多问题和挑战。首先，DLC 薄膜的构建模型对于分子动力学模拟计算的准确性和可靠性至关重要，目前常用的构建模型包括全原子模型和粗粒化模型，如何选择合适的模型以及如何准确地描述 DLC 薄膜的结构和性质是一个热点和难点。其次，分子动力学模拟计算需要使用力场参数描述原子之间的相互作用，对于 DLC 薄膜来说，选择合适的力场参数对于准确地模拟其力学性质、摩擦性质和化学性质非常重要，开发适用于 DLC 薄膜的力场参数也是一个研究难点。最后，DLC 薄膜具有优异的耐磨性和低摩擦性能，广泛应用于摩擦学领域。分子动力学模拟计算可以揭示 DLC 薄膜的摩擦机制和摩擦性能，但由于摩擦过程的复杂性和多尺度特性，如何准确地模拟和预测 DLC 薄膜的摩擦性能同样是一个研究热点和难点。

3.6.3 分子动力学模拟预测 DLC 薄膜摩擦性能

针对分子动力学模拟 DLC 薄膜性能时存在的上述问题，高校科研团队计划从高性能 Ta-C 基梯度复合薄膜入手，创新性掺杂 W 原子或 MoS_2 化合物来获得复合薄膜，通过模型设计、参数优化以及性能计算系统探究了 W、MoS_2 对 DLC 薄膜硬度、弹性模量以及摩擦系数等性能的影响，旨在开发出具有更优综合性能的新型 DLC 复合材料。

为了精准模拟掺杂改性的 DLC 薄膜的微观结构与性能，团队首先构建了纯 DLC 薄膜、W 原子掺杂复合薄膜（图 3-44）及 MoS_2 化合物掺杂复合薄膜（图 3-45）的分子动力学计算模型。模型的构建过程严格遵循材料科学的基本原理，从原始晶胞的构建出发，经过扩胞处理，最终实现了单质和化合物的精确掺杂。此过程中，团队利用先进的计算软件，通过精确设定原子坐标和相互作用参数，确保了模型构建的科学性和准确性，解决了模型选型难的问题。

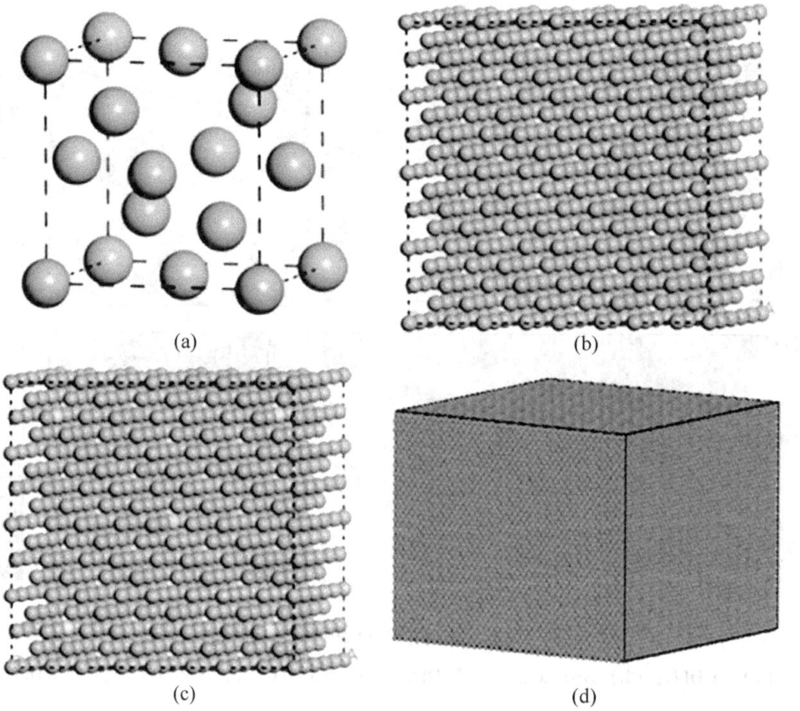

图 3-44　W 原子掺杂 DLC 薄膜模型的构建

（a）原胞；（b）初始扩胞；（c）原子掺杂模型；（d）原子掺杂最终模型

（● 表示 C 原子；● 表示 W 原子）

扫码看彩图

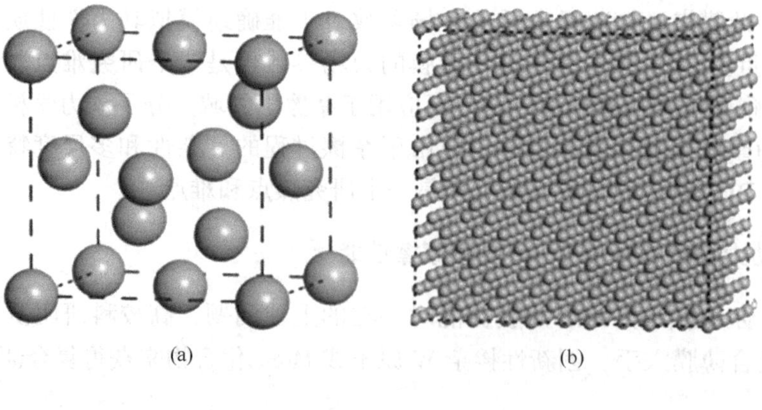

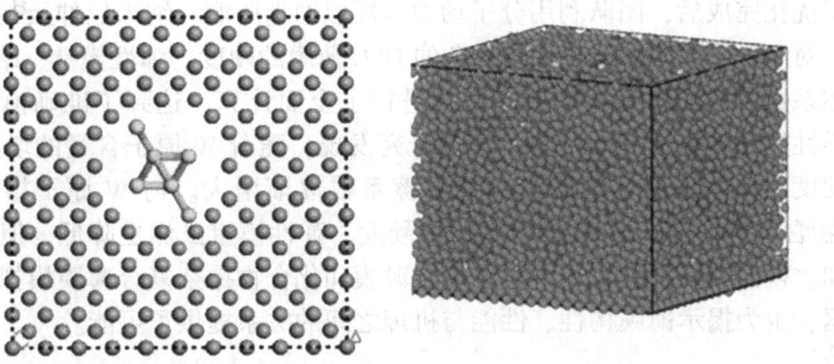

(c)　(d)

图 3-45　MoS_2 化合物掺杂 DLC 薄膜模型的构建

（a）原胞；（b）初始扩胞；（c）化合物掺杂模型；（d）化合物掺杂最终模型

（● 表示 C 原子；●表示 Mo 原子；●表示 S 原子）

扫码看彩图

为了消除模型构建过程中可能引入的应力集中和能量不均衡问题，团队对初步构建的模型进行了充分的弛豫处理，即通过模拟计算使模型能量达到最小化状态。随后，采用加热-淬火工艺模拟实际制备过程中的快速冷却过程（即加热到很高的温度，然后在极短时间内冷却至室温），进一步促进了模型结构的稳定化和非晶化（图 3-46 和图 3-47）。这一过程不仅确保了模型结构的合理性和稳定性，也为后续的性能计算奠定了坚实基础。

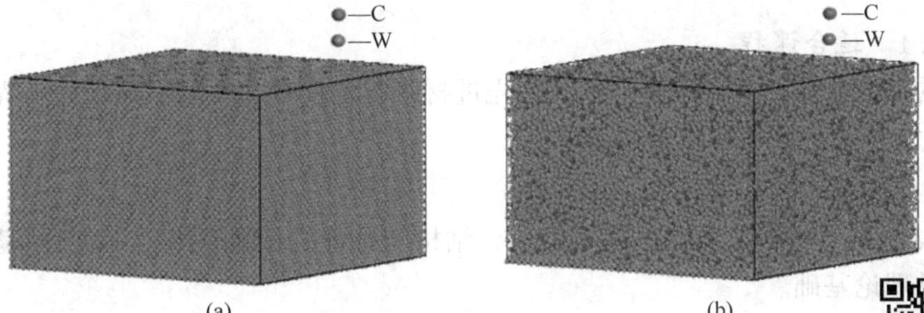

(a)　(b)

图 3-46　加热-淬火前后的 W-DLC 复合薄膜模型

（a）加热-淬火前；（b）加热-淬火后

扫码看彩图

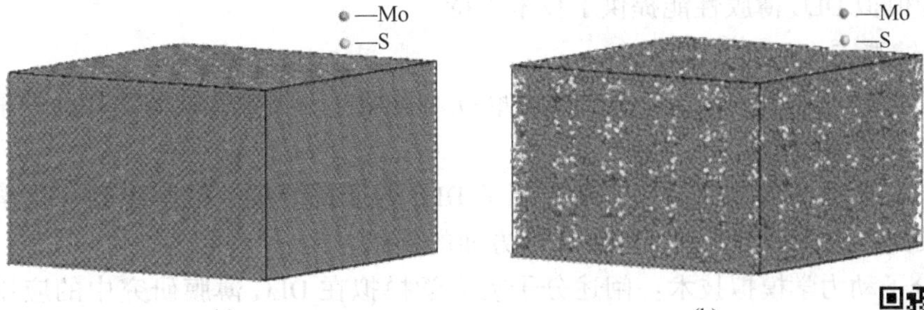

(a)　(b)

图 3-47　加热-淬火前后的 MoS_2-DLC 复合薄膜模型

（a）加热-淬火前；（b）加热-淬火后

扫码看彩图

在模型优化完成后，团队利用分子动力学模拟纳米压痕、纳米拉伸及纳米划痕等实验测试过程，对 W 原子或 MoS_2 化合物掺杂的 DLC 薄膜的硬度、弹性模量、结合强度、残余应力及摩擦系数、磨损率等关键性能指标进行了全面计算，达到了准确模拟和预测 DLC 薄膜的力学性能和摩擦性能的目的。模拟研究发现，随着 W 原子含量的增加，W-DLC 复合薄膜的硬度和弹性模量逐渐降低，但摩擦系数逐渐增大。与 W 原子掺杂不同，随着 MoS_2 化合物含量的增加，MoS_2-DLC 薄膜的硬度、弹性模量虽然也降低，但摩擦系数却先降低后增加。模拟结果为确定原子掺杂复合薄膜和化合物掺杂复合薄膜模拟方案的可行性提供了依据，也为揭示薄膜构性、性能与机理之间的关系提供了可能。

3.6.4 结语

随着凝聚态物理学、量子化学、计算技术等相关基础学科的发展，以及计算能力的不断提高，在先进材料研究领域模拟计算的作用日益增强，已经形成材料科学理论、技术实验和计算与设计三足鼎立之势。本案例中，高校科研团队以应用于卫星关节、行星齿轮的 DLC 薄膜为研究对象，采用分子动力学模拟研究，揭示了 W 原子或 MoS_2 化合物掺杂对 DLC 薄膜力学性能和摩擦性能的影响机制，实现分子动力学和摩擦学的有效结合，为高性能复合 DLC 薄膜的制备提供了理论支撑和技术指导，为摩擦学的教学带来新的思路和方式。

3.6.5 案例使用说明

3.6.5.1 适合课程

材料的摩擦磨损、材料计算与设计、先进材料制备技术、摩擦学与表面工程等课程。

3.6.5.2 理论依据与关键要点

A 理论依据

（1）材料科学基础：了解材料的组成、结构与性能之间的关系，为 DLC 薄膜的设计与模拟提供理论基础。

（2）摩擦学原理：掌握摩擦磨损机理、表面处理技术及其对材料性能的影响，分析 DLC 薄膜在减少摩擦损失方面的优势。

（3）分子动力学模拟理论：熟悉分子动力学模拟的基本原理、方法及其在材料科学中的应用，为模拟 DLC 薄膜性能提供了技术支持。

B 关键要点

（1）摩擦磨损现象的危害：强调摩擦磨损对机械部件失效和能源消耗的严重影响，以及对国民经济发展的制约。

（2）DLC 薄膜的优异性能：详细介绍了 DLC 薄膜的硬度、摩擦系数、化学稳定性等特性，以及其在提升精密运动部件可靠性方面的作用。

（3）分子动力学模拟技术：阐述分子动力学模拟在 DLC 薄膜研究中的应用，包括模型构建、参数优化、性能计算等关键环节，以及该技术在揭示材料微观机制方面的优势。

（4）掺杂改性对 DLC 薄膜性能的影响：通过案例分析，探讨 W 原子和 MoS_2 化合物掺杂对 DLC 薄膜硬度、弹性模量及摩擦系数等性能的影响机制，为高性能复合 DLC 薄膜的制备提供理论依据。

（5）模拟过程的优化：弛豫处理和加热-淬火工艺模拟有助于消除模型应力集中和能量不均衡的问题，确保模拟结果的可靠性。

（6）性能计算的全面性：通过模拟纳米压痕、纳米拉伸及纳米划痕等实验过程，全面评估 DLC 薄膜的力学性能和摩擦性能。

3.6.5.3　分析思路

教师可以根据自己的教学目标、教学方法和学员的实际情况灵活使用本案例，以下提供一些分析思路，仅供参考。

首先，明确精密运动部件（如行星齿轮）在摩擦磨损方面的挑战以及 DLC 薄膜作为潜在解决方案的优势，回顾 DLC 薄膜的制备方法、性质特点及其在工业应用中的现状，了解分子动力学模拟在材料科学中的应用和亟待解决的问题。然后，详细阐述如何根据材料科学原理构建纯 DLC 薄膜及掺杂改性的复合薄膜的分子动力学模型，包括原子坐标设定、相互作用参数选择等，并通过弛豫处理和加热-淬火工艺模拟，确保模型结构的稳定性和非晶化，为性能计算奠定基础，使研究生掌握分子动力学模拟的基本原理、模型构建、参数设置及性能计算方法，为日后科研和工程实践提供有力工具。接着，根据分子动力学模拟纳米压痕、纳米拉伸及纳米划痕实验计算得到的 DLC 薄膜的硬度、弹性模量、摩擦系数等关键性能，对比不同掺杂元素对 DLC 薄膜性能的影响，揭示薄膜构性、性能与机理之间的关系。最后，提出优化 DLC 基梯度复合薄膜制备工艺的建议，以提升其在实际应用中的性能，培养研究生科研思维。

3.6.5.4　思考题

（1）请思考如何通过分子动力学对摩擦磨损机理进行探究。

（2）结合案例，分析引入分子动力学后如何帮助研究生更好地理解摩擦磨损学。

（3）摩擦学学科在各领域中应用（如机械领域、医学领域等）。

（4）请思考如何通过仿真模拟的方式对摩擦磨损过程涉及的多物理场问题进行模拟。

（5）如何通过仿真模拟和实验的方式更好地对摩擦磨损问题进行研究。

4 材料成型制造案例

本章选取了六个典型的材料成型制造案例，依据“从尖端特殊应用到广泛工业普及”的递进思路进行编排，旨在系统展现现代材料科学的深度与广度。从镍基单晶高温合金的成分优化奠定高端装备发展基石，到感应淬火技术提升国防装备耐久性，再到马氏体钢技术突破大飞机关键技术瓶颈，彰显了高端制造的卓越能力。随后，CuW 合金配比设计保障能源安全，分级渗碳淬火引领汽车工业升级，最后以感光溶胶-凝胶法开启超导薄膜制备新篇章，预示着材料工程的又一次飞跃。本章内容不仅为研究生提供宝贵的知识储备，更能激发他们的创新思维，培养其将理论知识转化为解决实际工程问题的能力，为推动材料科学与工程领域的持续发展贡献力量。

4.1 镍基单晶高温合金成分优化——夯实航空发动机发展之基

镍基单晶高温合金以其优异的高温性能成为航空发动机热端部件的首选材料。合理设计 Re、Ta 等难熔元素在合金中的比例有助于进一步提升镍基单晶高温合金的高温性能，对于我国航空发动机和地面燃气轮机工程专项的发展具有重要意义。本案例围绕高校科研团队关于不同 Re 含量镍基单晶高温合金高温性能的研究，揭示了难熔元素特别是 Re 对合金高温强度和持久寿命的影响，使研究生理解影响高温合金高温性能的因素和性能提升的途径，开拓其研究视野，激发研科研热情，提高学习能力与探究能力。

4.1.1 案例背景

航空发动机作为飞机的“心脏”，不仅承载着飞行的动力，更是尖端制造业技术精华的集中体现，其发展水平，直接体现一个国家的工业基础、科技水平和国防实力（图 4-1）。航空发动机需要在高温、高压、高转速下持续运转，因此对材料的要求极其苛刻。高温合金是一类以铁、镍、钴为基，能在 600 ℃以上高温及一定应力作用下长期工作的金属材料，凭借其优异的耐高温、抗热腐蚀及良好的力学性能，成为航空发动机中燃烧室、涡轮、喷管等关键热部件的首选材料（图 4-2）。在先进航空发动机中，高温合金用量达到 50%以上，它不仅保障了发动机在极端条件下的稳定运行，更是提升发动机性能、延长其使用寿命的关键所在，被誉为“先进航空发动机的基石材料”。

尽管我国航空发动机在诸多领域取得了显著进展，但在推重比这一衡量发动机性能的核心指标上，与国际顶尖水平相比仍存在一定的差距（图 4-3）。以美国 F119、F120，GE 公司的 GE90，英德意西四国联合研发的 EJ2000、法国的 M88-2 以及俄罗斯的 P2000 等新型发动机为例，它们通过广泛采用单晶高温合金来制造涡轮叶片等关键部件，显著提升了发动机的工作温度极限，从而实现了发动机性能的飞跃。相比之下，虽然我国在单晶高温合金的应用与生产方面已有所建树，但整体上仍处于追赶阶段。

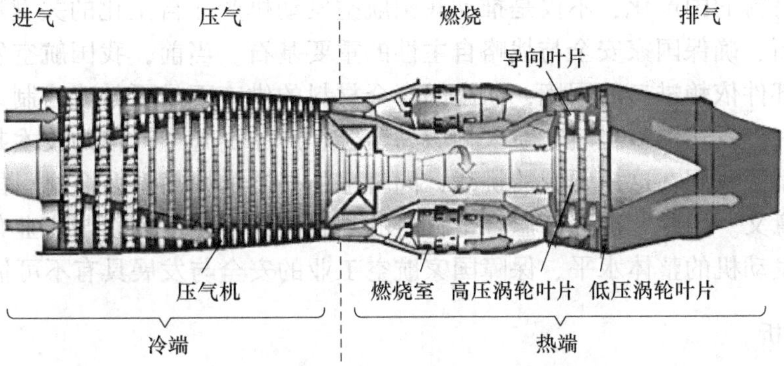

图 4-1 航空发动机

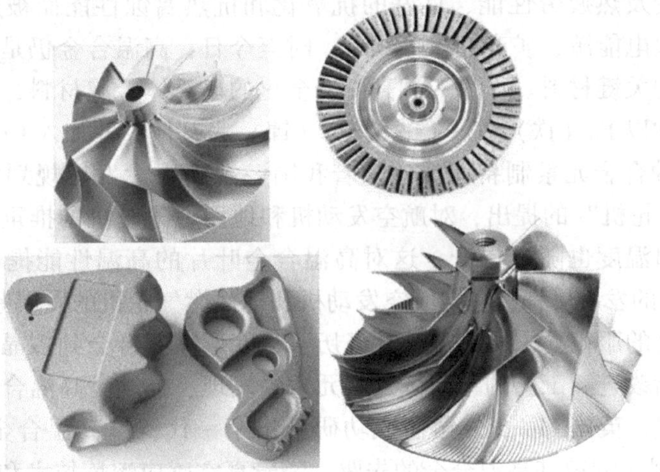

图 4-2 高温合金

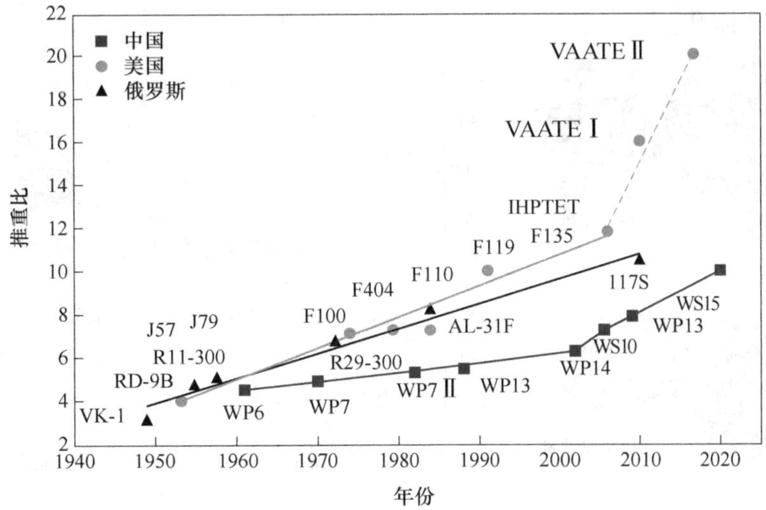

图 4-3 中、美、俄战斗机发动机推重比对比

高温合金材料的国产化，不仅是推动我国航空发动机产业自主化的关键环节，更是打破国外技术垄断、确保国家安全与战略自主性的重要基石。当前，我国航空发动机领域仍面临部分关键部件依赖进口的困境，而高温合金材料的供应不足更是成为制约航空发动机量产的瓶颈之一。发达国家对航空航天领域高温合金产品实施了严格的技术封锁和出口限制，进一步加剧了我国在这一领域的挑战，同时也凸显了加快高温合金材料国产化进程的紧迫性和战略意义。因此，加强高温合金材料的基础研究、技术创新与产业化应用，对于提升我国航空发动机的整体水平、保障国家航空工业的安全与发展具有不可估量的价值。

4.1.2 案例分析

高温合金自20世纪中叶诞生以来，因其具有优异的高温强度、良好的塑性和断裂韧性、极佳的抗蠕变及热疲劳性能、良好的抗氧化和抗热腐蚀性能而被广泛应用于航空航天、远洋轮渡、火电能源、矿产勘探等领域。时至今日，高温合金仍是尖端航空发动机热端部件无可替代的关键材料。作为一种高度合金化的奥氏体金属材料，高温合金的组织稳定性极佳。它通常以Fe（铁）、Co（钴）、Ni（镍）为基体，并加入Cr（铬）、Mo（钼）、W（钨）等十余种合金元素制备而成。随着我国一系列重大发展规划如“C919大飞机”“50兆瓦重型燃气轮机”的提出，对航空发动机和地面燃气轮机的推重比及功率需求日益增大，涡轮进气口温度也随之提升，这对高温合金叶片的高温性能提出了更为严苛的挑战。回顾高温合金的发展历程，它与航空发动机和地面燃气轮机的发展紧密相连（图4-4）。为了满足不断提升的服役要求，高温叶片经历了从变形高温合金到多晶、柱状晶，再到如今单晶合金的不断改进。工艺的革新以及新元素的发现，推动了高温合金的飞速发展。早在20世纪40年代，英国Mond公司便成功研制出第一代镍基高温合金Nimonic80，成为$Ni_3(Al,Ti)$析出强化型镍基高温合金的先驱。随着真空感应熔炼技术和定向凝固技术的出现与应用，镍基高温合金的制备技术实现了质的飞跃。在这一技术进步的推动下，等轴晶铸造高温合金、柱状晶合金以及单晶高温合金相继被研发出来（图4-5），这些合金的承温能力得到了显著提升。

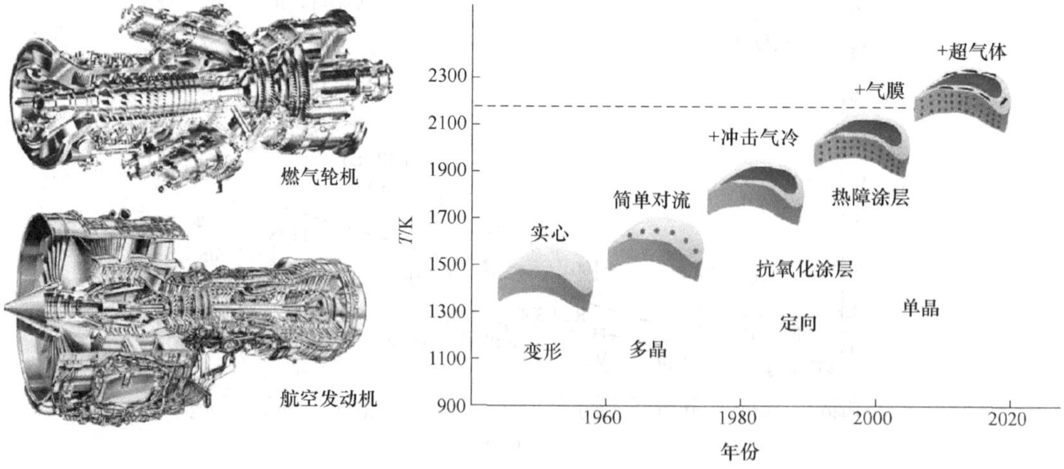

(a) (b)

图4-4 高温合金在“两机”中的应用及发展历程

（a）航空发动机和高温燃气轮机；（b）高能航空发动机效果图

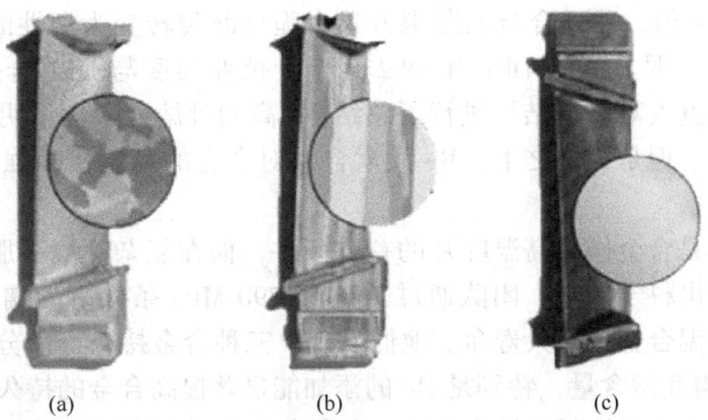

(a) (b) (c)

图 4-5 三种结构的镍基高温合金叶片

（a）多晶叶片；（b）柱状晶叶片；（c）单晶叶片

然而，镍基高温合金在长时间工作过程中也面临着一些问题。为了提升高温性能，大量难熔元素的添加增大了合金密度，不利于叶片的轻量化设计，并可能引发组织不稳定。同时，Re（铼）、Ta（钽）等难熔元素的添加在叶片长期服役过程中极易引入拓扑密堆相，导致叶片失效断裂。因此，研发高温性能优异且兼顾低成本的镍基单晶高温合金，对于我国“两机”工程专项的发展具有重要意义。

4.1.3 镍基单晶高温合金高温性能探究

材料的高温强度是衡量其高温性能优异与否的主要评判依据，因此，研究如何提高镍基高温单晶合金的高温强度成为高校科研团队的重要研究目标。他们选用了东方汽轮机有限公司在第二代镍基单晶高温合金基础上研发的三种不同 Re 含量的 DFx 系列镍基单晶高温合金［0% w(Re)、14.77% w(W+Mo+Ta+Re) 的 DF1；1.5% w(Re)、13.36% w(W+Mo+Ta+Re) 的 DF2；3.0% w(Re)、16.9% w(W+Mo+Ta+Re) 的 DF3，见图 4-6］作为实验材料，经过多步固溶+时效热处理后探讨了合金的主要成分对宏观力学性能的影响。

图 4-6 镍基单晶高温合金

首先，团队在不同温度下测试并对比了三种单晶高温材料的压缩和抗拉强度。发现三种合金在中低温时的压缩和抗拉强度几乎相同，随温度的提高强度均先增大后降低，在

760 ℃时达到了最大值，并且合金的断裂方式由脆性断裂转变为塑性断裂。在 980 ℃时，DF3 合金的压缩强度明显高于 DF1 和 DF2 合金；拉伸强度与 DF1 合金相当，明显高于 DF2 合金。团队负责人对对比结果进行了总结："高的难熔元素含量明显提高了合金的高温压缩和拉伸强度。但是相比之下，Re 元素含量对合金的高温压缩强度比高温拉伸强度的影响更大。"

高温强度优异是合金作为高温叶片的首要条件，而在复杂环境下服役寿命同样重要。为了对合金寿命作出科学判断，团队通过 760 ℃/790 MPa 条件下的蠕变试验研究了三种成分的镍基单晶高温合金的持久寿命。他们发现，三种合金持久寿命分别为 304 h，360 h 和 651 h。高的难熔元素含量，特别是 Re 的添加能显著提高合金的持久寿命。进一步观察蠕变断口形貌，DF1 合金的断口较为平坦，存在大量的二次裂纹，表现为典型的脆性断裂特征；而添加 Re 的 DF2 和 DF3 断口上均观察到有明显的滑移台阶，断口主要由解理面和撕裂棱相连接的小平面组成，在 DF3 中还发现显微孔洞，表现为准解理断裂的典型特征（图 4-7）。这些现象让团队意识到，Re 的加入不仅明显提高了单晶合金的持久寿命，还能同时提高合金持久断裂伸长率，改善合金的塑性。

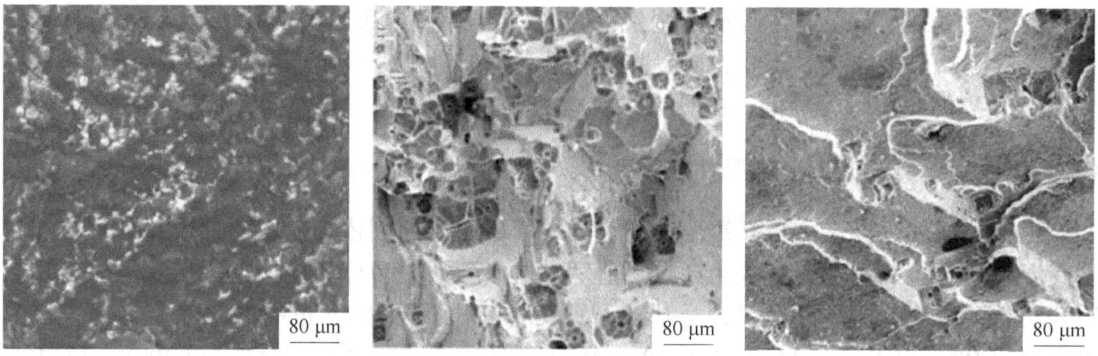

(a) (b) (c)

图 4-7 镍基单晶高温合金蠕变断口形貌
(a) DF1；(b) DF2；(c) DF3

接下来，团队通过对特征组织形貌与合金力学性能进行实时同步比较与分析，揭示了改变合金主要成分（降低 Re 含量、减少难熔金属元素含量等）后合金在不同温度下的力学性能变化情况，进一步探讨相应镍基单晶高温合金在复杂应力作用下变形的内在机理，为研发新型镍基高温合金材料提供了重要理论依据和实验基础。展望未来，随着科技的不断进步，对高温合金的性能要求将越来越高。未来的研究可以进一步深入探索不同元素的组合和比例对合金性能的影响，优化合金的结构设计，提高合金的综合性能。同时，可以结合先进的制备技术和检测手段，实现高温合金的精准制备和性能评估，为我国高端制造业的发展贡献更多的力量。

4.1.4 结语

高校科研团队关于不同 Re 含量镍基单晶高温合金高温性能的研究揭示了难熔元素特别是 Re 对合金高温强度和持久寿命的影响，增加难熔元素特别是 Re 的含量能显著提升合金的高温压缩强度及持久寿命，同时改善合金的塑性。然而，高含量难熔元素会使合金出现密度增大、组织稳定性降低等问题。因此，未来研究需进一步探索合金成分优化与结构设计，以实现高温合金综合性能的提升。同时，加快高温合金材料的国产化进程，对于推动我国航空发动机产业自主化、打破国外技术封锁具有重要意义。

4.1.5 案例使用说明

4.1.5.1 适用课程

材料加工工程、先进材料加工技术、高温合金材料科学与工程、航空发动机设计与制造等课程。

4.1.5.2 理论依据与关键要点

A 理论依据

（1）高温合金成分设计理论：成分设计的一般原则、镍基高温合金中的主要元素及其在合金中的作用、镍基高温合金的国内外主要牌号。

（2）晶体形核理论：均质形核理论、非均质形核理论，结晶游离理论、多元多相合金凝固的形核理论。

（3）晶体生长理论：成分过冷理论、界面稳定性动力学理论、晶体竞争生长理论。

（4）高温合金定向凝固技术与理论：高温合金定向凝固方法、高温合金的凝固特性、高温合金定向凝固组织，定向凝固和高温合金的力学性能。

（5）合金相图与相变：理解合金成分变化对相结构和合金性能的影响。

B 关键要点

（1）高温合金的优异性能（耐高温、抗热腐蚀、良好力学性能）及其在航空发动机中的关键作用。

（2）合金成分优化对高温性能的影响机制，特别是 Re 元素的作用。

（3）蠕变试验在评估高温合金持久寿命中的应用及其结果分析。

（4）加快高温合金材料国产化进程的战略意义及面临的挑战。

4.1.5.3 分析思路

教师可以根据自己的教学目标、教学方法和学员的实际情况灵活使用本案例，以下提供一些分析思路，仅供参考。

首先，阐述航空发动机的关键性及其在国防、科技和工业领域的重要性，引出高温合金作为核心材料的作用。然后，详细介绍高温合金的基本特性、发展历程、制造过程及其在航空发动机中的应用情况，分析得出目前提高镍基高温单晶合金的高温强度是重要研究目标。接着，讲解高校科研团队对镍基高温单晶合金成分优化的设计思路，包括合金成分选择、热处理工艺及性能测试方法，并深入分析实验结果。最后，基于实验结果，提出合金成分优化和结构设计的方案，以提高合金的综合性能，并展望未来的研究方向，激发研究生的科研热情，培养他们深入钻研的精神，引导研究生主动发现问题、提出问题，提升整体学术素养。

4.1.5.4 思考题

（1）为什么高温合金是航空发动机热端部件的首选材料，其主要性能要求有哪些？

（2）简述从变形高温合金到单晶高温合金的发展历程，并讨论每种合金的优缺点。

（3）Re 元素对镍基单晶高温合金性能的影响主要体现在哪些方面？如何平衡 Re 元素添加带来的利弊？

（4）结合案例分析，谈谈你对未来高温合金材料研究方向的看法。

4.2 感应淬火强化重载齿轮——铸就抗疲劳空防卫士

本案例通过分析捷星航空公司 B787 客机发动机换向齿轮箱主动锥齿共振导致的空中停车事件，引出了齿轮疲劳失效问题的重要性。针对重载齿轮在极端工况下的疲劳失效问题，结合高校科研团队的研究，研究了感应淬火工艺在重载齿轮钢表面强化中的应用，并通过实验验证了感应淬火对提升齿轮抗疲劳性能的有效性。实验结果表明，合理控制淬硬层深度能够显著提升齿轮的抗疲劳性能，为重载齿轮的制造与强化提供了理论依据和实验数据支持，对提升机械设备的安全性和可靠性具有重要意义。通过案例分析，使研究生直观地理解理论知识在实际应用中的应用，培养解决实际问题的能力。

4.2.1 案例背景

2016 年 8 月 6 日，捷星航空公司（Jetstar Airways）的一架 B787 客机在执行从东京飞往澳大利亚黄金海岸的 JQ12 航班时，发生了意外情况。起飞后仅两小时，飞机的右侧发动机突然在空中停止工作。幸运的是，机组人员凭借左侧发动机的动力，成功地将飞机紧急降落在关岛机场，确保了全体人员的安全。

事后调查发现，此次空中停车的根源在于附件传动系统中的换向齿轮箱（TGB）内主动锥齿轮（或称伞齿轮）在工作中共振，造成锥齿轮破损与壳体破裂（图 4-8）。由于锥齿轮的损坏，发动机无法将动力传递至附件机匣上的其他部件，进而引发发动机停车。与一般正齿轮相比，锥齿做得较厚实，通常不易出现共振引发的故障，但在特定条件下，其共振仍可能引发严重后果，只要锥齿断裂就会引起发动机空中停车。

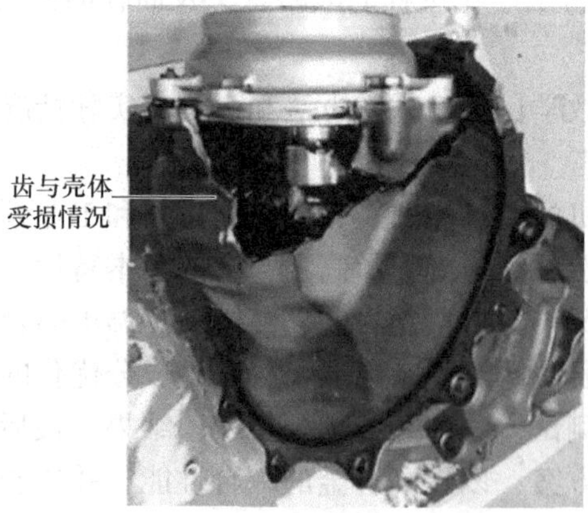

图 4-8 换向齿轮箱与锥齿受损情况

4.2.2 案例分析

齿轮作为机械传动系统中的核心部件，其性能直接关系到整个系统的稳定性和可靠性。然而，在长期的交变载荷作用下，齿轮材料会逐渐产生微观结构的变化、应力集中、表面损伤，进而引发疲劳失效，导致突然断裂或性能显著下降。这种失效模式具有隐蔽性、突发性和高危害性，往往给设备带来灾难性的后果。

齿轮疲劳失效主要包括弯曲疲劳断裂、齿面胶合、齿面点蚀和深层齿面断裂等。其中，弯曲疲劳断裂最为常见。通常发生在齿轮根部，由于应力集中和材料疲劳引起裂纹扩展。齿面胶合发生在齿面接触压力过大，且润滑不良时，局部高温导致齿面熔化并黏合，随后撕裂分离。宏观点蚀是指齿面剥落和宏观损伤，通常因材料缺陷或夹杂物导致裂纹萌生并向表面扩展，形成可见点蚀坑（图 4-9）。随着材料、工艺和润滑技术的提升，宏观点蚀现象有所缓解，但微点蚀逐渐成为新问题，通常在混合或边界润滑状态下发生，油膜破裂导致粗糙表面直接接触，造成微小颗粒脱落。虽然，难以肉眼察觉，但多个微点蚀坑聚集后可形成磨痕，影响齿轮寿命和可靠性。深层齿面断裂是大型表面硬化齿轮的一种严重失效形式（图 4-10），裂纹从深层萌生并向齿面和芯部扩展，可能导致齿块脱落。

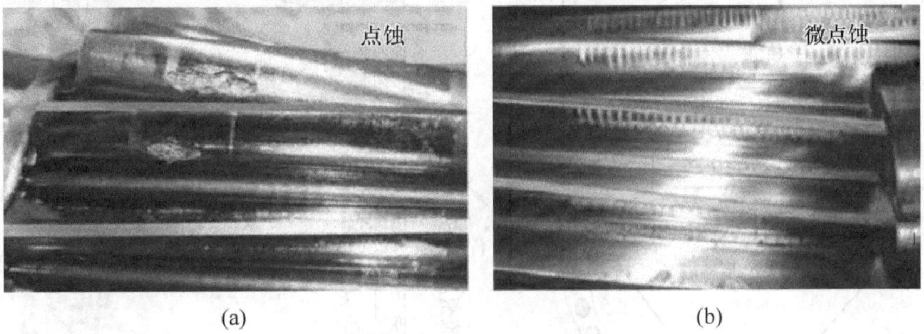

图 4-9　齿轮点蚀失效形式
（a）点蚀；（b）微点蚀

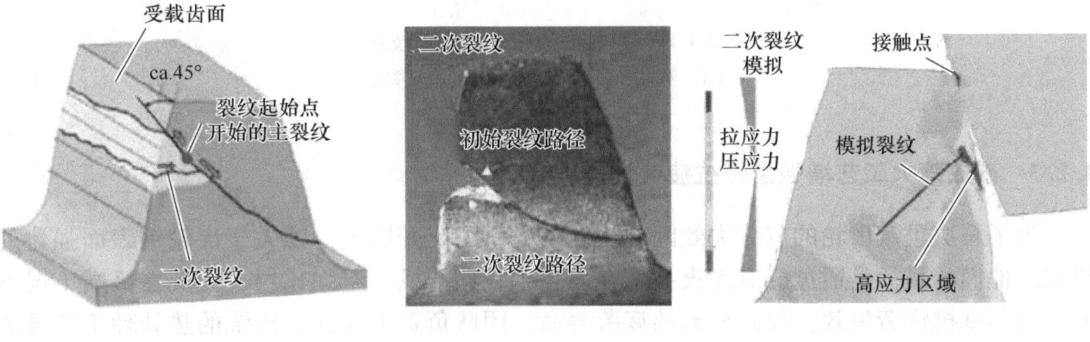

图 4-10　轮齿齿面疲劳断裂
（a）示意图；（b）断裂照片；（c）仿真模拟

齿轮疲劳失效的影响因素众多，包括材料性能、几何结构、工况条件、润滑状态等。为了提高齿轮的疲劳寿命和可靠性，工程中通常会对齿轮进行表面处理。表面处理通过在负载波动时显著延迟微裂纹的成核和扩展来延长关键结构部件的疲劳寿命。由于这些处理，优化的组件可以承受更高的负载。常见的表面技术处理包括渗碳、喷丸和感应淬火等，这些过程通常会在处理过的部件中产生微观结构、残余应力、力学性能和化学成分的复杂梯度，提高材料表层硬度，改善材料微观性能，从而提高工件的疲劳性能。渗碳/氮是在一定温度下，将碳/氮原子通过一定介质渗入工件表面的一种热处理方法；喷丸则是利用高速将钢丸喷出撞击到工件表面，造成表面晶格扭曲变形，增加表面硬度；感应淬火是利用电磁感应在工件内产生涡流，使工件表面迅速加热并淬火，从而获得高硬度的淬硬层，原理图如图 4-11 所示。其中感应淬火以加热速度快、变形小、淬硬层更易于控制等优势，成为应用最为广泛的表面处理技术之一。

在捷星 787 发动机换向齿轮箱事件中，如果采用更为先进的感应淬火工艺对主动锥齿进行强化处理，或许能在一定程度上避免共振引发的疲劳断裂。但是，通过调整感应淬火工艺参数优化淬硬层的深度和分布，以提高材料的抗疲劳性能仍是需要深入考虑的问题。

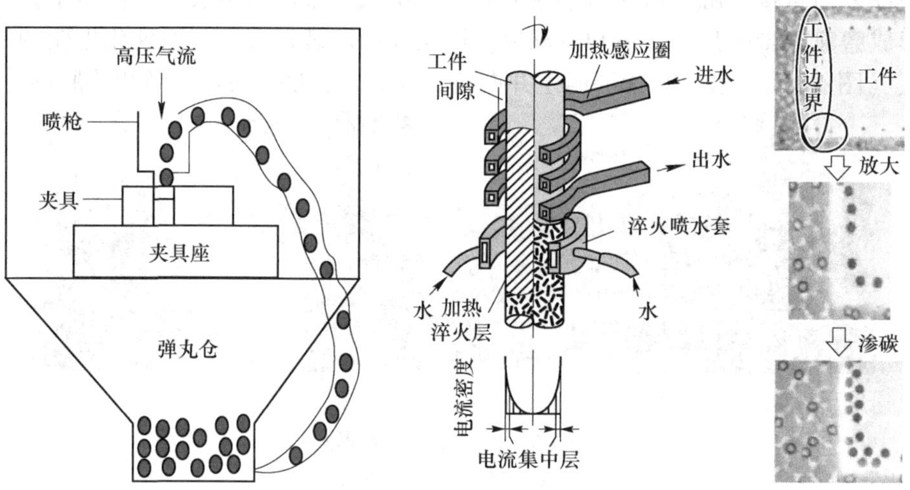

(a) (b) (c)

图 4-11 常见的齿轮表面处理技术

（a）喷丸；（b）感应淬火；（c）渗碳

4.2.3 感应淬火工艺增强齿轮抗疲劳性能

为了解决重载齿轮的疲劳失效问题，高校科研团队开展了一项关于齿轮钢表面强化的研究。他们的目标是通过感应淬火技术在齿轮钢表面形成一层强化层，让其在极端工况下依然能够抵抗疲劳失效，提高材料的疲劳寿命。团队负责人深知，传统的热处理工艺虽能在一定程度上提升材料性能，但往往难以精确控制加热与冷却过程，导致性能提升有限且不稳定。于是，他们将目光转向了感应淬火技术。

实验的第一步，是准备实验材料和设备。团队精选了重载齿轮常用的 42CrMo 钢作为研究对象，这种钢材以其优异的力学性能、良好的可加工性、高的强度与韧性以及高耐磨性而闻名。考虑到研究整个重载齿轮将耗费大量的时间与成本，并且整个齿轮受力复杂，研究相对困难，因此他们并未直接采用整个齿轮进行实验，而是使用了从同一根 42CrMo 钢棒料上切割下来的矩形板状试样代替（图 4-12）。同时，他们选择了超高频 GCT-200 立式感应淬火机床作为这场“变革”的利器，通过精确控制机床功率和运行速度，实现不同深度的淬硬层。

图 4-12 感应淬火试样

实验的核心，在于探索不同感应淬火参数对 42CrMo 钢性能的影响。团队精心设计了两组实验，分别设置了不同的淬火工艺参数，以获得 0.6 mm 和 1.42 mm 两种深度的淬硬层（图 4-13）。随着感应淬火机床的轰鸣，一块块试样在电磁场的包裹下迅速升温，随后又在水冷装置的冷却下迅速凝固，形成了一层坚硬的“盔甲”。这不仅仅是物理形态的变化，更是材料性能的飞跃。

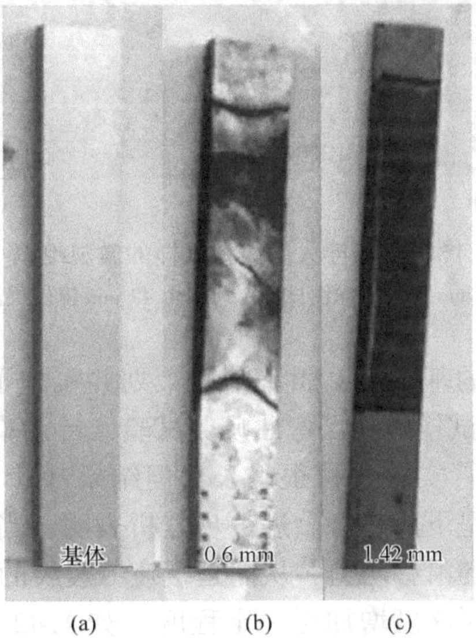

图 4-13 试样淬火区域示意图及得到的实物图

（a）基体试样；（b）0.6 mm 淬硬层深度的试样；（c）1.42 mm 淬硬层深度的试样

显微硬度测试的结果让团队振奋。与基体试样相比，含淬硬层的试样表面硬度显著提高，尤其是 0.6 mm 淬硬层试样的表面硬度更是达到了惊人的 741 HV。团队成员对此变化作出解释：“感应淬火加热速度快，在高速加热条件下，奥氏体晶粒不易长大，导致试样表面晶粒细小，所形成的奥氏体晶粒内部受热应力和组织应力的作用，形成许多位错胞，提高了材料的表面硬度；同时，感应淬火冷却速度快，在试样表面引入了很大的残余压应力，这些残余压应力如同一道道隐形的屏障，有效抵抗了外部载荷带来的拉应力，从而提升了试样的抗疲劳性能和硬度。同理，浅硬化层试样加热及冷却速度均快于深硬化层深度，所以0.6 mm 硬化层平均硬度高于1.42 mm。”为了进一步证实这一发现，团队采用电解抛光法和X射线衍射法相结合的方法探究了淬硬层中残余应力的分布规律，他们发现，无论是0.6 mm 还是1.42 mm 淬硬层试样，其表面均引入了不同程度的残余压应力，且在距表面一定距离的次表面处达到最大值。这一发现对于理解淬火过程中应力的分布与演化具有重要意义，也为后续优化淬火工艺提供了有力支持。

在实验过程中，团队还测定了试样的金相组织这一关键指标。在金相显微镜下，感应淬火处理后的42CrMo钢试样的微观结构发生了显著变化。原本粗大的珠光体与铁素体晶粒在淬火过程中被细密的回火马氏体组织所取代，这种组织结构的转变不仅提高了材料的硬度和强度，还增强了其抗疲劳性能。沿着试样深度方向观察，从表层到芯部的组织过渡区清晰可见，回火马氏体、珠光体及铁素体三种组织的巧妙结合，构成了材料性能的梯度分布，为齿轮在不同工况下的稳定运行提供了有力保障（图4-14）。

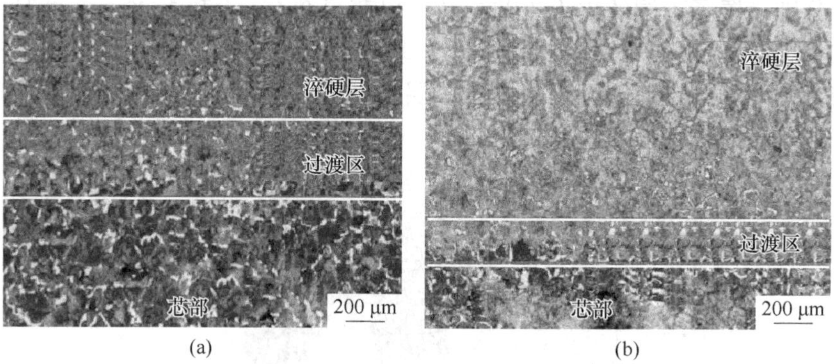

图4-14 淬火后两种试样的微观组织

（a）0.6 mm 淬硬层深度试样；（b）1.42 mm 淬硬层深度试样

在积累了大量前期数据的基础上，团队精心策划并实施了一项针对基体、0.6 mm 淬硬层和1.42 mm 淬硬层三种试样的三点弯曲疲劳试验，旨在验证感应淬火技术对齿轮抗疲劳性能的实际增强效果。尽管实验过程很漫长，但结果却让人振奋。随着施加载荷的增加，三种样本的疲劳寿命均呈下降趋势。进一步分析表明，当淬硬层深度较浅（0.6 mm）时，它能有效增强工件表面的滑移阻力，从而延缓疲劳裂纹的初始形成，显著提升了材料的疲劳寿命。然而，当淬硬层深度增加至一定程度（如1.42 mm），情况则变得复杂。此时，表面压应力部分转化为拉应力，导致工件在受力时表面区域出现显著的应力集中。一旦这些应力集中超过材料的强度极限，便会诱发微裂纹的产生，而微裂纹又会进一步加剧应力集中，形成恶性循环，最终缩短了材料的疲劳寿命。因此，淬硬层深度的增加并未持续带来疲劳寿命的提升，反而呈现出下降趋势。这一发现深刻揭示了淬硬层深度、残余应力分布模式与材料疲劳寿命之间错综复杂而又微妙的关系，为后续优化淬火工艺、提升齿轮等部件的抗疲劳性能提供了宝贵的参考与指导方向。

随着实验的圆满结束，团队不仅揭示了感应淬火技术对42CrMo齿轮钢性能的影响机制，还为提升重载齿轮的抗疲劳性能提供了宝贵的经验。他们的工作不仅是对传统热处理工艺的一次革新，更是对科技进步的一次有力推动。随着研究的深入和技术的不断完善，在未来的齿轮工业中，将会有更多像感应淬火这样的高科技手段被广泛应用，为机械设备的安全稳定运行保驾护航。

4.2.4 结语

高校团队通过实验验证了感应淬火工艺在提升重载齿轮抗疲劳性能方面的有效性，并探究了淬硬层深度对齿轮钢疲劳性能的影响。具体而言，浅淬硬层（0.6 mm）由于能在工件表面引入更高的残余压应力和更细密的微观组织，从而显著增强了齿轮的抗疲劳性能。相比之下，过深的淬硬层（1.42 mm）反而因应力集中加剧而缩短了疲劳寿命。因此，合理设计淬火工艺参数，优化淬硬层深度和分布，是提升齿轮抗疲劳性能的关键。

4.2.5 案例使用说明

4.2.5.1 适合课程

材料表面工程、材料加工技术、工程材料性能、金属热处理与表面工程、机械零件失效分析等课程。

4.2.5.2 理论依据与关键要点

A 理论依据

（1）材料科学基础：涉及金属材料的物理、化学性质及其变形与强化机制。

（2）热处理原理：包括淬火、回火等热处理工艺对材料组织和性能的影响。

（3）疲劳理论：分析疲劳裂纹的萌生、扩展及其影响因素。

（4）残余应力理论：探讨残余应力的产生、分布及其对材料性能的影响。

B 关键要点

（1）感应淬火工艺对材料表面硬度和残余应力的影响。

（2）淬硬层深度与残余应力分布、疲劳裂纹萌生与扩展的关系。

（3）不同淬硬层深度下齿轮疲劳寿命的变化规律及其解释。

4.2.5.3 分析思路

教师可以根据自己的教学目标、教学方法和学员的实际情况灵活使用本案例，以下提供一些分析思路，仅供参考。

首先，介绍捷星航空公司 B787 客机发动机空中停车事件，明确问题背景，引出齿轮疲劳失效的话题，详细分析齿轮疲劳失效的主要形式（如弯曲疲劳断裂、齿面胶合、齿面点蚀等）及其成因，强调疲劳失效的隐蔽性、突发性和高危害性。其次，对比分析常见的提高齿轮抗疲劳性能的表面处理方法，并阐述感应淬火技术的原理、优势及其在重载齿轮强化中的应用潜力。然后，描述高校科研团队是如何通过优化感应淬火工艺参数来调整淬硬层的深度和分布，进而分析淬硬层深度对 42CrMo 齿轮钢疲劳寿命的影响规律，使研究生学习如何通过实验设计、数据分析和结论总结来解决问题，培养他们的科研能力和创新思维。最后，基于实验结果，提出针对具体工况和材料特性的感应淬火工艺优化建议，以提升齿轮的抗疲劳性能。

4.2.5.4 思考题

（1）为什么感应淬火能够提升齿轮的抗疲劳性能？

（2）淬硬层深度对齿轮疲劳寿命有何影响，如何解释这种影响？

（3）除感应淬火外，还有哪些表面处理技术可以用于提升齿轮的抗疲劳性？

（4）在实际应用中，如何根据具体工况条件优化淬火工艺参数？

4.3 马氏体钢回火转变——突破 C919 大飞机起落架瓶颈

C919 国产大型客机的成功首飞标志着中国航空工业的重大进步，但其起落架材料的研发仍面临诸多挑战。起落架作为飞机起飞和降落的关键部件，对材料强度和冲击韧性等方面均有很高的要求。超高强度 300 M 钢是飞机起落架的优选材料，但其仍需向提高强度和韧性的方向进一步发展。本案例依托高校学者在扩散与固态相变领域的深厚理论研究背景和工艺优化经验，详细探讨了提升 300 M 钢强度和韧性的热处理工艺，包括淬火和马氏体回火转变过程，以及这些过程对钢材微观结构和力学性能的影响，并通过优化热处理工艺有效提升 300 M 钢的强度和韧性。通过本案例教学，使研究生掌握金属固态相变的原理，熟悉金属材料在加热和冷却过程中发生固态相变的基本规律，了解金属固态相变-组织-性能之间的具体联系，熟悉主要的热处理工艺及其对金属材料固态组织与性能的影响规律，为从事与金属固态相变有关的研究和技术工作打下理论基础。

4.3.1 案例背景

C919 大型客机，作为我国自主研发、拥有完全自主知识产权的喷气式民用飞机（见图 4-15）。若 C919 顺利实现商业化，它将与波音 737MAX 和空客 A320neo 等新一代单通道双发客机在全球民航运输市场上展开激烈竞争。C919 等大型客机的研发和生产制造能力是衡量一个国家航空工业水平的重要标尺，也是国家综合实力的体现。这需要一个国家高新技术产业的系统集成，并且能够带动新材料、高端制造、动力系统、电子设备、自动控制、信息技术等领域的关键技术实现集群突破，技术扩散率高达 60%。此外，大飞机的研制还能显著提升流体力学、固体力学、计算数学、热物理、化学、信息科学等基础学科的研究层次。因此，研发以 C919 为代表的大型客机对于提升国家航空工业竞争力、增强综合国力、推动高新技术产业发展及基础科学研究进步具有不可估量的战略价值。

图 4-15　C919 图片

新材料，或许是 C919 最大放异彩的地方。一直以来，航空发展就流传着“一代飞机，一代材料”的说法，形象地概括了采用高性能新材料与提高飞机性能之间的密切联系。飞机起落架是飞机五大核心部件（机翼、机身、尾翼、发动机和起落架）之一（图 4-16），静止时需要承受巨大的载荷，在飞机降落的过程中还要承受强烈的冲击，因此飞机起落架的材料应具有高强度、高韧性、良好的抗疲劳、抗腐蚀性等优良的综合性能。它的可靠性确保了飞机能够安全起飞与着陆。而随着现代大飞机设计重量的提升，对于起落架材料强度的要求更加苛刻，一般的钢铁材料已经无法满足，只能依靠超高强度钢来实现。由宝钢特钢自主研制的飞机起落架用 300M 超高强钢满足民航客机适航认证要求，并获得合格供应商资质认证，向中国商飞供货，为 C919 提供了重要基础材料。

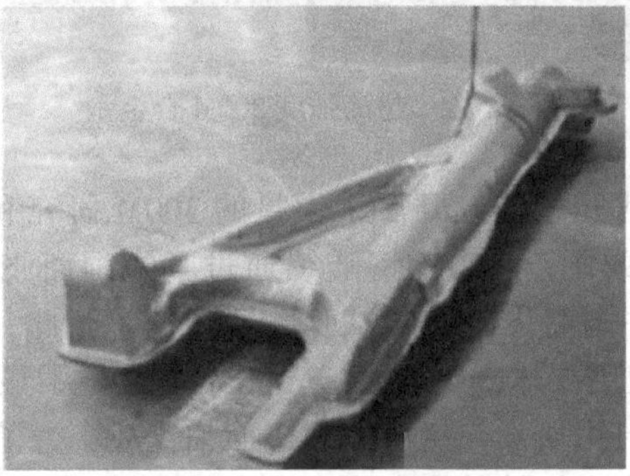

图 4-16 大飞机起落架

4.3.2 案例分析

作为“现代工业皇冠上的明珠”的大飞机项目，是一个国家科技水平、制造能力、经济基础和综合国力的集中体现，是衡量一国制造业先进水平的制高点。C919 国产大型客机的成功商业首飞，标志着中国航空工业的重大进步，但其起落架材料面临严峻挑战。飞机起落架是飞机在起飞和着落过程中无可替代的装置，其性能极大地影响着飞机的使用和安全。因此，具有优异比强度和比刚度的超高强度钢成为制造飞机起落架的首选材料。超高强度钢是为了适应航空和航天技术的需要而逐渐发展起来的一种高比强度的结构材料，一般将屈服强度超过 1380 MPa 的结构钢称为超高强度钢，其在航空航天、能源、船舶、海洋工程、国防军工等领域扮演着越来越重要的角色。在飞机研制开发的初期，高强度钢 4130、30XFCA 等材料被选为飞机起落架用材，但其抗拉强度只有 1176 MPa。随着超高强度钢的发展，30CrMnSi2A 钢被大量应用在第二代飞机起落架上，其抗拉强度达 1635～1700 MPa，寿命可达 2000 h。到了近代，飞机机载设备增多，飞机的整体质量系数下降，对飞机起落架设计制造和材料提出了更高的要求，美国国际镍公司在 20 世纪 50 年代研发了一种抗拉强度达 1950 MPa，寿命达 5000 h 的 300M 钢，采用整体锻件制造工艺制成，如今已成为声誉最好、强度最高、综合性能最好、应用最广泛的起落架用材。300M 钢是一种低合金超高强度钢（图 4-17），经过适当的热处理后，其显微组织主要由板条马氏体组成，具有强度高、横向塑性高、断裂韧性高、疲劳性能优良及抗腐蚀性能好等优点，这些性能特点使其特别适用于飞机起落架等关键部件的制造。在 C919 客机中，起落架主体材料超高强度 300M 钢占到全机总重量的 4.5%左右，占全机特殊合金钢总重量的 65%左右。

图 4-17 超高强度 300M 合金钢

我国在 20 世纪 80 年代开始陆续开展了大量的 300M 研究和探索，在 2012—2015 年，宝钢特钢和抚顺特钢试制的国产 300M 钢陆续通过了中国商飞公司的转阶段评审。2017 年，国产 300M 钢通过了中国商飞公司的试验验证考核，至此，我国研制的国产 300M 钢达到了 C919 飞机的装机使用要求。虽然国产 300M 钢取得了显著成果，但目前与国外还有差距。在起落架材料的自主研发与生产方面仍面临挑战：为了满足航空起落架的应用需求，超高强钢将向提高强度和韧性的方向进一步发展，但强韧性不匹配的问题限制了其强度级别的进一步提升；超高强度钢作为一种高合金钢，多成分组元导致其研发困难，传统的试错法存在诸多弊端，致使新钢种的研发周期长、成本高。可以预期，提高 300M 合金钢的力学性能对于提升我国大型民用飞机起落架的材料应用水平至关重要，但想要快速、准确的实现力学性能迭代还需要对 300M 钢制备过程中的扩散与固态相变机理有充足的理解。

4.3.3 扩散与固态相变为 300M 突破研发提供理论依据

为了满足航空航天材料日益苛刻的性能要求，高校学者基于材料扩散与固态相变理论，从 300M 钢的热处理工艺入手，探索提升 300M 钢的强度和韧性的方法。通过淬火实验，学者成功改变了钢的显微组织，使其从面心立方奥氏体转变为体心立方马氏体。这个转变过程中，碳原子未能及时扩散，残留在马氏体中，产生了固溶强化。同时，马氏体中含有大量位错、孪晶和层错，导致了位错强化和晶界强化；过饱和碳原子和合金元素在晶界析出，形成第二相强化。这些强化机制极大提高了钢的强度，但也导致了韧性不足，成为限制其应用的瓶颈，特别是在航空、航天和航海等高要求领域。

为解决这一问题，学者计划引入马氏体回火转变工艺来改进钢的力学性能。马氏体回火转变过程是将淬火后的钢加热到低于下临界温度 A_{C1}（珠光体向奥氏体转变的开始温度），保温后再冷却。通过调整回火温度和时间，可以控制钢的组织结构，进而影响其力学性能。为了选择合适的热处理温度，学者总结并分析了马氏体钢在回火转变过程中的组织变化阶段：（1）碳原子的偏聚阶段（25~100 ℃），在这个阶段，铁和合金元素原子尚难以扩散，但碳原子能进行短距离扩散；（2）马氏体的分解阶段（100~250 ℃），高碳马氏体会分解为含碳量过饱和的 α 相和 ε 亚稳碳化物组成的回火马氏体，而低碳马氏体 $w(\mathrm{C}) \leqslant 0.2\%$ 不发生马氏体的分解，碳原子将继续偏聚而不析出；（3）残余奥氏体的转变阶段（200~300 ℃），这时含碳量 $w(C)>0.4\%$的钢中残余奥氏体在 M_s 点以上转变为下贝氏体，在 M_s 点以下转变为马氏体；（4）渗碳体的形成阶段（250~400 ℃），渗碳体（θ 碳化物）形成，α 相的含碳量逐渐降至 0.1%以下，位错重新排列，孪晶逐渐消失；（5）α 相的回复再结晶与碳化物的聚集长大阶段（高于 400 ℃），这时 α 相基体转变为细小的等轴晶粒，片状渗碳体逐渐球化并聚集长大，残余内应力大幅度消失。每个阶段对钢的性能都有不同影响，温度和时间的精确控制是关键。经过一系列实验，包括改变回火温度、调整回火次数以及观察不同热处理条件下钢材的微观结构变化（图 4-18），学者设计了最佳热处理工艺：将钢加热至 870 ℃，保持 1 h 后油淬，再进行两次 300 ℃ 回火，每次 2 h（图 4-19 和图 4-20）。通过常温压缩测试，发现该工艺不仅提升了钢的强度和硬度，还显著改善了韧性。此外，学者总结出回火温度对性能的影响规律：回火温度升高时，钢的强度和硬度下降，但延展性增强。然而，高碳含量的钢在低温回火下可能出现脆性增加，影响强度。学者认为，超高强度钢的未来发展依赖材料科学的不断创新和突破，坚信他的研究为 300M 钢的进一步改进提供了指导。

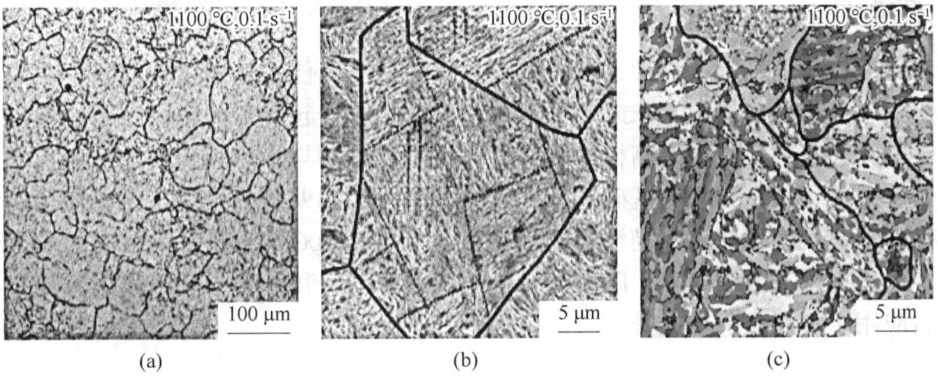

图 4-18 300M 钢热处理前后的组织演变

（a）再结晶组织；（b）热处理后的马氏体组织；（c）马氏体 EBSD 图片

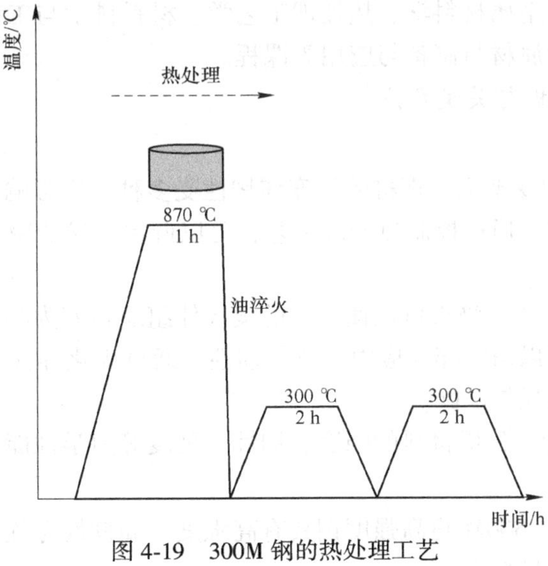

图 4-19 300M 钢的热处理工艺

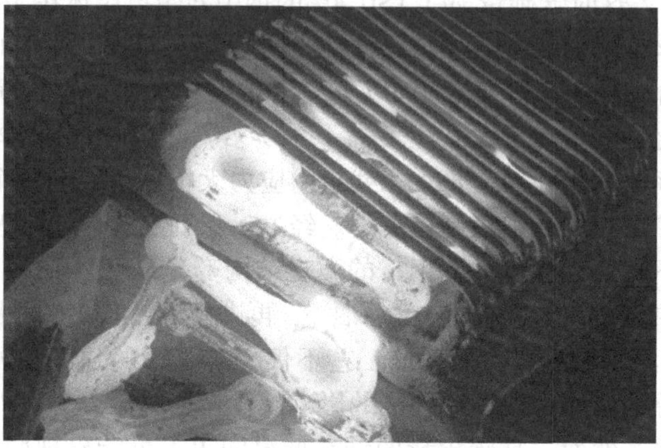

图 4-20 马氏体钢多次回火

4.3.4 结语

超高强度钢作为强度、韧性、疲劳性能及耐蚀性能俱佳的金属结构材料，在航空、航天领域起到不可替代的作用，未来该类钢种为了满足航空起落架的应用需求，将向提高强度和韧性的方向进一步发展。高校学者通过深入研究扩散与固态相变理论，剖析了超高强度钢的热处理过程，结合理论基础选择并优化出淬火和回火的热处理工艺，使马氏体钢在保持高强度和高硬度的同时，韧性明显改善。这有望为300M超高强钢在内的马氏体钢的力学性能改善提供指导。未来，随着材料科学的不断创新和突破，相信我国大型民机起落架的材料应用水平将进一步提升。

4.3.5 案例使用说明

4.3.5.1 适合课程

扩散与固态相变、金属材料学、热处理工艺学、材料科学与工程实验技术、材料热处理与表面工程、先进金属材料制备与应用等课程。

4.3.5.2 理论依据与关键要点

A 理论依据

(1) 扩散与固态相变理论：钢材的强度和韧性受多种因素影响，其中热处理过程中的相变和扩散机制是关键。通过控制热处理工艺，可以调控钢材的微观结构，进而优化其力学性能。

(2) 淬火与回火工艺：淬火可以使钢材的奥氏体组织转变为马氏体组织，显著提高强度和硬度；而回火则可以消除淬火应力，改善韧性。通过优化淬火和回火工艺参数，可以实现钢材强度和韧性的最佳匹配。

(3) 材料力学性能：分析材料的强度、韧性、硬度等力学性能指标及其影响因素。

B 关键要点

(1) 300M钢性能：300M超高强度钢具有高强度、高韧性等优良性能，是制造飞机起落架等关键部件的理想材料。

(2) 热处理工艺优化：通过优化淬火和回火工艺参数，可以显著提升 300M 钢的强度和韧性，满足航空航天的严苛要求。

(3) 显微组织演变：热处理过程中显微组织的演变规律对材料性能具有决定性影响。

(4) 力学性能平衡：实现超高强度钢强度与韧性的最佳平衡是工艺优化的核心目标。

(5) 材料科学创新：材料科学的不断创新和突破是提升国产大飞机性能的关键所在。未来需要继续加强基础研究和应用研究，推动材料科学的快速发展。

4.3.5.3 分析思路

教师可以根据自己的教学目标、教学方法和学员的实际情况灵活使用本案例，以下提供一些分析思路，仅供参考。

首先介绍 C919 国产大型客机的成功商业飞行及其战略意义，强调大型客机研发对国家综合实力的提升作用。然后，详细分析 C919 飞机起落架所用材料 300M 超高强度钢的研发历程、性能特点及其在航空领域的应用现状。接着，通过高校学者的研究案例，引入扩散与固态相变理论，探讨如何进一步提升 300M 钢的强度和韧性。最后，详细介绍淬火和回火转变过程对钢材微观结构和力学性能的影响，并通过实验验证优化热处理工艺的有效性，实现强度和韧性的最佳平衡，使学生掌握金属固态相变的原理，熟悉金属材料在加热和冷却过程中发生固态相变的基本规律，及其在退火、正火、淬火、回火、固溶时效处理中的具体应用，了解金属固态相变-组织-性能之间的具体联系，熟悉主要的热处理工艺及其对金属材料固态组织与性能的影响规律。

4.3.5.4 思考题

(1) 超高强度钢在航空航天领域的重要性体现在哪些方面？

(2) 扩散与固态相变理论的哪部分知识可以和航空制造业产生更为密切的联系？

(3) 淬火和回火过程对 300M 钢显微组织和力学性能有何影响？

(4) 如何平衡超高强度钢的强度与韧性，以满足大型客机起落架的需求？

(5) 本案例中，如何将扩散与固态相变基础理论和航空制造业生产实践联系在一起的？如何评价这一举措？

4.4 CuW 合金熔渗配比设计——强化耐烧蚀，守护万家灯明

随着电力系统向大容量和超高压发展，高压断路器作为电网安全稳定运行的关键设备，其核心部件电触头材料 CuW 的耐电弧烧蚀性能成为研究热点。明晰高传导 Cu 相与耐烧蚀 W 相成分配比对 CuW 合金耐高能电弧烧蚀性能的影响有助于指导制备高性能 CuW 合金。本案例介绍了高校科研团队通过表征不同成分配比的 CuW 合金耐电压强度、燃弧时间、烧蚀形貌等性能，探索 Cu 相和 W 相成分配比对 CuW 合金电弧烧蚀行为的影响，进而揭示 Cu、W 两相在电弧烧蚀过程中的作用机理。通过本案例学习，能使研究生们熟练掌握熔渗技术原理和过程控制要领，学习如何设计并实施材料性能测试实验，提高其解决材料工程领域实际问题的能力，为他们在未来从事复合材料科研与技术研发工作打下坚实的基础。

4.4.1 案例背景

电网的稳定运行，关系到国家经济命脉与民众日常生活，其重要性不言而喻。高压断

路器（高压开关），作为电网系统的核心控制和保护元件，为电网的稳定运行提供保障。高压断路器是一种能够在高电压环境下工作的电气设备，其主要功能是在电力系统发生短路、过载等故障时，迅速切断故障电路，防止故障范围扩大，保护其他设备免受波及。同时，在电网维护或升级时，断路器也能实现电路的灵活切换，为安全作业保驾护航。因此，断路器的使用寿命直接关系到电力设备是否能够长期安全稳定运行。作为断路器核心部件的电触头材料（图 4-21）在电路通断过程中会承载高强度的电弧电流，极易发生烧蚀破坏。一旦电触头因烧蚀而失效，断路器将无法有效切断电路，极端情况下甚至可能引发设备爆炸，导致整个电网陷入瘫痪（图 4-22）。因此，电触头质量的优劣将直接决定高压断路器的使用寿命和电力系统运行的安全性与可靠性。

图 4-21　电触头产品

图 4-22　高压电开关柜失火

随着我国步入构建现代能源体系的新阶段，能源低碳转型进入重要窗口期，电力系统正逐步向大规模、高比例新能源方向演进。因此，电力系统面临的安全挑战日益复杂，输变电设备经受着前所未有的考验。特别是随着部分区域电网短路电流水平的大幅提升，比如华东电网、华南电网等部分 252 kV 及以上电压等级变电站最大短路电流达到甚至超过 63 kA，电触头材料的抗烧蚀能力成为制约断路器性能提升的关键因素，因其难以满足电网对断路器长寿命、高频次开断的需求。与此同时，我国电力工业的蓬勃发展，水电、城网及大型工业项目的快速推进，催生了庞大的高压开关设备市场需求，使我国跃居全球第二大高压开关市场。然而，不容忽视的是，我国在高端尤其是超高压开关设备领域，仍高度依赖进口，进口比例高达七成以上，这既暴露了我国在该领域的自主创新能力不足，也凸显了加快电触头材料研发与国产化的紧迫性。因此，开发并推广具有更高抗烧蚀性能、更长使用寿命的电触头材料，已成为推动我国高压断路器技术进步、保障电网安全稳定运行、实现能源低碳转型的迫切需求。

4.4.2　案例分析

高压大容量断路器的开断次数主要受制于断路器中电触头的寿命。当前，高压断路器普遍采用铜钨合金作为电触头材料，这一选择是由于钨的高熔点、高密度、低膨胀系数与铜的优异导热性、导电性相结合，使得铜钨合金具有良好的耐电弧侵蚀、抗熔焊及高强度等优点。自 20 世纪 30 年代问世以来，铜钨合金已广泛应用于电力、电子、机械及冶金等多个领域，并成为高压断路器电触头的优选材料。其高耐电压强度和低电烧蚀性能，使其成为推动高压断路器不断提升使用电压等级和功率的关键材料。随着高压输变电网向大容量和超高压发展，对电触头材料的性能和使用寿命提出了更高的要求，因此对铜钨电触头材料的研究与升级变得尤为重要。

经过数十年的研究，铜钨合金的制备技术取得了显著进步，许多新工艺在生产中得到了推广和应用。熔渗技术（图 4-23），也称熔体自浸渗法，是制备铜钨合金材料（复合材料）最有效的方法之一。该技术是将钨粉或者是混合微量铜粉的钨粉放入钢模具中，使用压力机压制成坯块，在气氛炉中进行烧结，制备成具有一定强度和密度的多孔钨骨架，在熔渗的过程中，液态铜能够在毛细作用下，渗入多孔钨骨架孔隙中，从而获得 CuW 合金。采用熔渗法制备的 CuW 合金（图 4-24）具有较高的致密度、良好的烧结性、良好的相界面结合、优异的导热和导电性，由于熔渗后需要经过机械处理，从原材料利用率和成型工艺过程两方面提高了制备成本，降低了产品的成品率。由于熔渗法制备方式简单以及其可以有效地提高复合材料的韧性，所以采用熔渗法是目前普遍使用制备 CuW 合金的工艺方法。

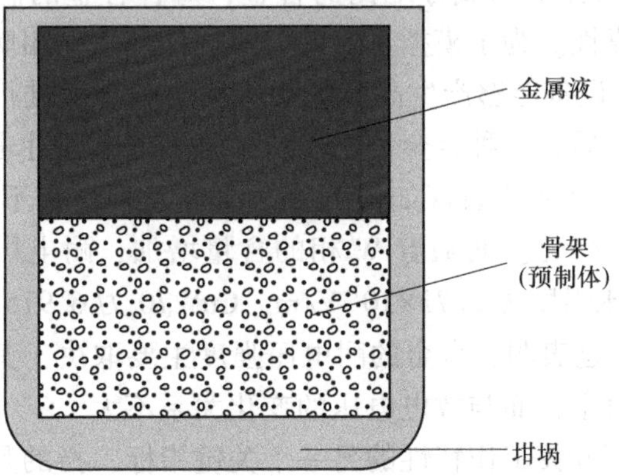

图 4-23　熔渗过程

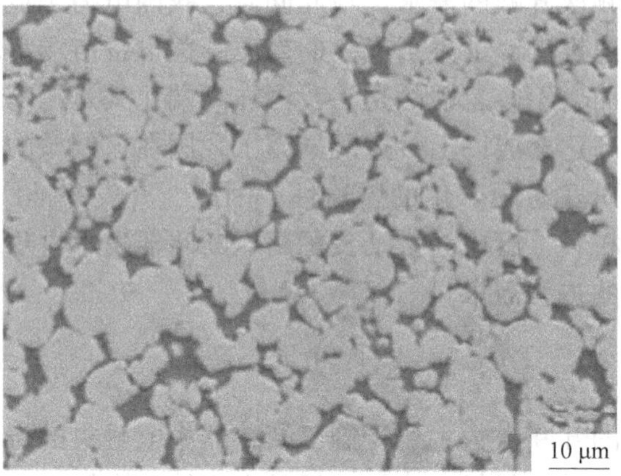

图 4-24 熔渗后铜钨材料 SEM 照片

研究表明，通过调控 CuW 合金中 Cu、W 两相的成分配比，有望解决现役国产铜钨合金电触头产品存在的耐烧蚀性能不足、电弧烧蚀易导致电触头开裂失效的问题。对于“CuW 合金耐电弧烧蚀性能是取决于 Cu，还是 W”，研究者持有不同的观点，一些研究者认为耐烧蚀 W 相因其具有高熔点、高硬度、抗熔焊以及优异的高温稳定性，在耐电弧烧蚀性能方面发挥主要作用；也有研究者持不同观点，认为高传导 Cu 相可以起到“发汗”作用，具有冷却效果，可减少高温电弧对合金的侵蚀。因此，明晰高传导 Cu 相与耐烧蚀 W 相成分配比对 CuW 合金耐高能电弧烧蚀性能的影响规律，对于后续提高 CuW 合金耐电弧烧蚀性具有借鉴意义，对减少断路器的故障率、维护电网的安全稳定运行具有重要意义。

4.4.3 调控熔渗材料配比增强合金耐烧蚀性

为了研究 W 相和 Cu 相对 CuW 合金电弧烧蚀性能的主导作用，高校科研团队致力于研究不同成分配比下 CuW 合金在电弧烧蚀条件下的表现。他们首先制备了 CuW60 [$w(\text{Cu})=40\%$，$w(\text{W})=60\%$]、CuW70 [$w(\text{Cu})=30\%$，$w(\text{W})=70\%$]、CuW80 [$w(\text{Cu})=20\%$，$w(\text{W})=80\%$] 三种不同成分配比的合金，每种合金的制作都经过严格的工艺控制，以确保其性能的可靠性。为了模拟真实的电弧烧蚀环境，团队自制了一套高压放电测试平台（图 4-25）。这一设备能够产生高能电弧，从而对合金进行符合实际服役环境的烧蚀测试。在启动测试平台后，三种合金依次经历了强烈的电弧冲击。实验的第一个目的是观察在不同放电电压下，合金的表现如何变化。研究发现，在不同放电电压下，CuW 合金的耐电压强度并未显著变化。而随着 W 相的含量增加，耐电压强度逐渐增强。具体来说，CuW60 的平均耐电压强度为 5.73×10^7 V/m，CuW70 为 6.915×10^7 V/m，而 CuW80 则达到了 7.663×10^7 V/m。这表明，合金的耐电压强度主要取决于其内部材料特性，由组成材料各相的电子逸出功决定，而与放电电压的变化关系不大。

燃弧时间是表征高压开关工作特性的另一个关键指标，指的是触头起弧瞬间到电弧最终熄灭瞬间的时间间隔。为了深入了解不同成分合金的燃弧时间变化，团队对合金在不同放电电压下的击穿过程进行了统计。结果显示，随着放电电压的增加，三种合金的燃弧时

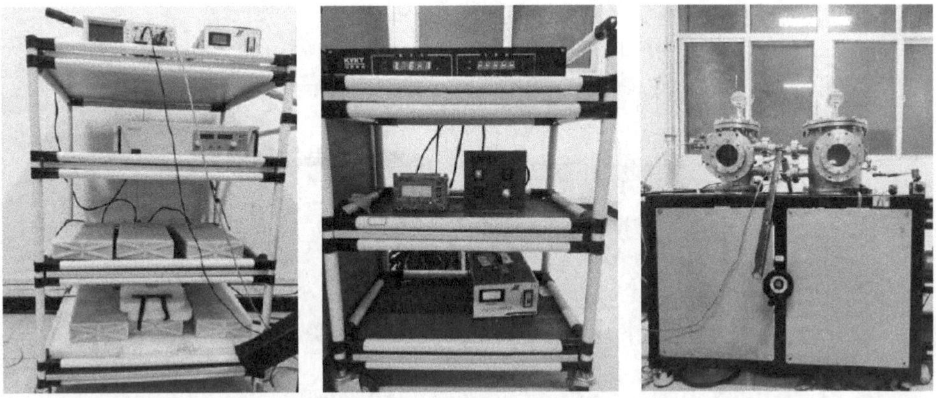

(a) (b) (c)

图 4-25 高压放电电源系统及测试平台
(a) 电源控制系统；(b) 真空控制系统；(c) 放电测试平台

间也逐渐延长。同样，团队也测试了 CuW 合金在放电电压下的电弧能量和烧蚀面积，发现三种 CuW 合金的电弧能量和烧蚀面积均随放电电压的升高而增加。在三种不同成分配比中，CuW70 合金燃弧时间最长，电弧能量最大，烧蚀坑直径最小，显示出其卓越的抗高能电弧烧蚀能力。

基于实验结果，科研团队揭示了 Cu、W 两相在电弧烧蚀过程中的作用机理：Cu 相主要起散热和导电作用，降低烧蚀区域温度，而 W 相提供高温电弧下的稳定性，主要起耐烧蚀作用，两者相互作用显著提高了 CuW 合金的耐烧蚀性能。当 Cu 相较多时合金导电导热性能优异，但是由于 Cu 相质软，熔点低，在烧蚀中容易发生喷溅和蒸发，导致触头受损；当 W 相较多时，合金的强度硬度较大，能够更好地抵抗电弧侵蚀，但是 W 相导热低，击穿发生时熔池区域温度不能快速降低，使得电子更容易逸出，发生击穿，此外过高的温度可能使 W 骨架融化，从而进一步破坏触头（图 4-26）。因此，高压触头设计过程中需综合考虑 W 和 Cu 相的综合作用。

高校科研团队的这项研究，不仅是对 CuW 合金性能的一次深入探索，更是对材料科学领域的一次重要贡献。他们通过自制实验测试设备，精心设计材料配比，严格把控实验过程，探索了成分配比对 CuW 合金电弧烧蚀行为的影响，并揭示 Cu、W 两相在电弧烧蚀过程中的作用机理。这些努力为后续制备高性能的 CuW 触头材料提供了理论依据，更为推动相关技术的进步和应用奠定了坚实的基础。

4.4.4 结语

高校科研团队利用熔渗技术制备了不同 Cu 相和 W 相成分配比的 CuW 合金，通过表征其耐电压强度、燃弧时间、烧蚀形貌等性能，探索了不同成分配比对 CuW 合金电弧烧蚀行为的影响。结果表明，Cu 相和 W 相在电弧烧蚀过程中分别起散热和耐烧蚀作用，两者协同才能显著提高 CuW 合金的耐电弧烧蚀性能。在三种不同成分配比中，CuW70 合金耐燃弧时间最长，电弧能量最大，烧蚀坑直径最小，因而具有最优的抗高能电弧烧蚀性能。该研究为制备高性能电触头材料提供了理论依据，对提升高压断路器性能和保障电网安全稳定运行具有重要意义。

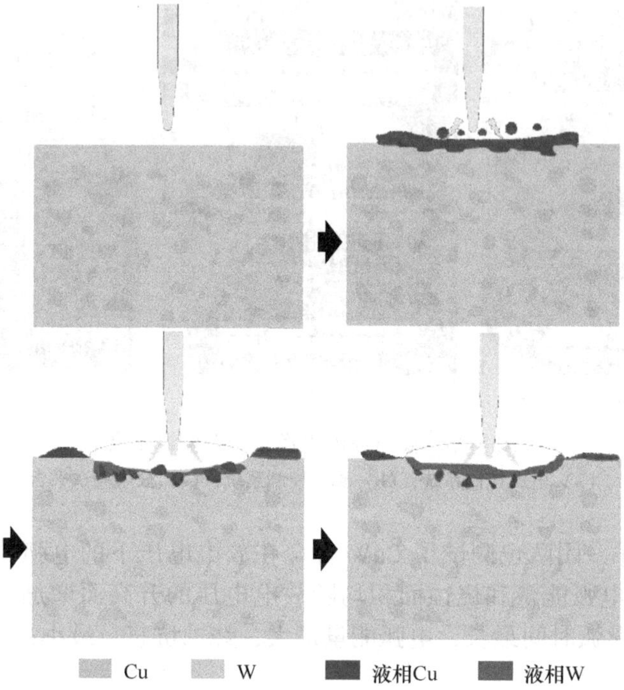

图 4-26 电弧烧蚀过程

4.4.5 案例使用说明

4.4.5.1 适合课程

材料加工工程、材料制备科学与技术、先进复合材料与功能材料等课程。

4.4.5.2 理论依据与关键要点

A 理论依据

（1）复合材料基础理论：增强体与基体的复合理论、组元的相容性、组元间的润湿性。

（2）熔渗技术基础理论：熔渗体系构成、熔渗机理分析、熔渗过程控制。

（3）多孔骨架预制理论：骨架粉末的压制、骨架生坯的烧结、纤维骨架的预成型和烧结。

（4）电弧烧蚀理论：解释电弧产生、维持和熄灭的机制，以及电弧对材料的侵蚀作用。

B 关键要点

（1）铜钨合金的优缺点：高熔点、高密度、低膨胀系数的钨与优异导热、导电性的铜相结合，但现有材料耐烧蚀性能有待提升。

（2）熔渗法制备工艺：通过液态铜在多孔钨骨架中的自浸渗，制备高致密度、良好相界面结合的铜钨合金。

（3）成分配比优化：CuW 合金中 Cu 相和 W 相的成分配比直接影响其耐电弧烧蚀性能。

（4）制备工艺：熔渗法制备 CuW 合金的关键在于控制烧结过程和熔渗条件，以获得致密度高、相界面结合良好的复合材料。

（5）测试方法与性能评估：高压放电测试平台能够模拟实际电弧烧蚀环境，准确评估材料的耐电弧烧蚀性能。通过分析燃弧时间、电弧能量和烧蚀面积等指标，综合评价 CuW 合金的耐电弧烧蚀性能。

4.4.5.3 分析思路

教师可以根据自己的教学目标、教学方法和学员的实际情况灵活使用本案例，以下提供一些分析思路，仅供参考。

首先，介绍高压断路器电触头材料的研究现状和发展趋势。以高压电触头 CuW 材料为例，介绍熔渗技术相关具体知识，使研究生了解和掌握熔渗技术原理与工艺特点，对整个熔渗工艺过程与生产装备等形成较为全面的认识。基于 CuW 材料耐烧蚀性不足的问题，从材料成分设计出发，分析 Cu 相和 W 相成分配比对 CuW 合金耐电弧烧蚀性能的影响，探讨 Cu 相和 W 相在电弧烧蚀过程中的作用机理，使研究生掌握材料成分与性能之间的关系，增强对材料工程基础的理解，提高解决材料工程领域实际问题的能力。最后，提出优化铜钨合金成分配比以提高其耐电弧烧蚀性能的建议。

4.4.5.4 思考题

（1）熔渗的机理是什么？请思考熔渗技术与其他金属基复合材料液态成型方法有何不同。

（2）常见的熔渗体系有哪些？不同熔渗体系熔渗工艺过程控制有何异同点。

（3）熔渗法需要满足哪些条件，如何在熔渗过程中创造这些有利条件？

（4）CuW 合金中 Cu 相和 W 相在电弧烧蚀过程中各起什么作用，为什么 CuW70 合金表现出较好的抗烧蚀性能？

（5）如何进一步优化 CuW 合金的制备工艺，以提高其耐电弧烧蚀性能？

4.5 分级渗碳淬火技术革新——跨入汽车齿轮耐用高效新纪元

汽车变速箱齿轮是连接发动机以驱动车轮转动的核心部件，承担着应力的传递作用。齿面接触疲劳、点蚀剥落和断裂成为齿轮零件的主要失效形式，可降低齿轮零件的使用寿命。因此，提高齿轮表面硬度、耐磨等性能至关重要。本案例针对某电动汽车齿轮的服役要求开发出新型表面低温高效渗碳技术，即分级渗碳淬火工艺，不仅显著降低了处理温度、缩短了处理时间，还显著提高了该类齿轮表面硬度和耐磨性能，使学生深入理解合金钢化学热处理基本原理与应用特征，掌握解决企业实际生产中齿轮表面渗碳温度高、时间长和性能差等难题的基本思路，培养其科研创新思维，以及提高其金属热处理技术创新研发和工程实践能力。

4.5.1 案例背景

2009 年，大众集团将缸内直喷、涡轮增压以及 DSG（双离合变速器）双离合构成的“黄金组合”带到了中国市场，使国人第一次感受到了高效动力（图 4-27）。然而，这一创新技术的初期并不完美。由于彼时的 DSG 技术还不算成熟可靠，双离合变速箱的软硬件设计还存在着许多问题，如变速箱换挡顿挫、低速行驶顿挫甚至高速行驶突然失速等故障，严重影响了消费者的驾驶感受。

随着时间的推移，部分用户对传动效率极高的双离合变速箱产生了反感，认为它是整

(a) (b)

图 4-27 大众迈腾和双离合变速箱

（a）大众迈腾；（b）双离合变速箱

车最不稳定的因素，甚至逐渐发展为“谈双色变”。那么，双离合变速箱的真实使用寿命和耐用性到底如何呢？要回答这个问题，就得从双离合变速箱的结构原理与材料科学说起。双离合变速箱的核心在于通过两套离合器协同工作实现换挡，这种设计虽原理简明，但其内部构造却极为精密（图 4-28）。通常，一款双离合变速箱包含多达 160 个零部件，其中齿轮、轴承和离合器片作为关键部件，对变速箱的性能与寿命起着至关重要的作用。

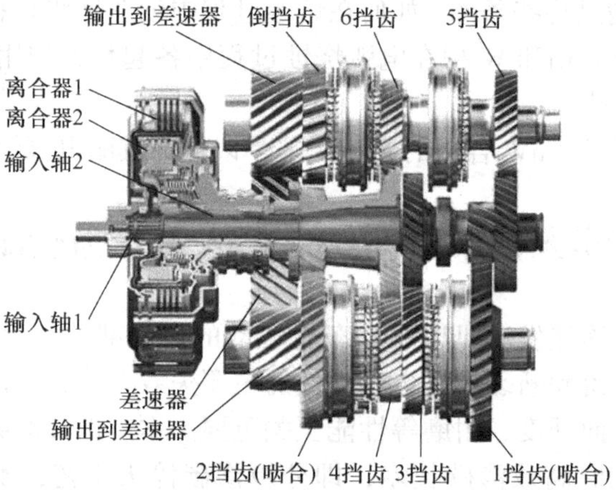

图 4-28 双离合变速箱结构

齿轮是依靠本身的结构尺寸和材料强度来承受外载荷的，这就要求材料具有较高的强度韧性和耐磨性。变速箱齿轮多采用渗碳钢这一高强度合金材料制成。这种材料不仅抗拉强度优异，还能在长时间使用中保持稳定的性能。然而，即便是如此优质的材料，在与离合器片频繁的啮合与分离过程中，也会有金属疲劳的累积，导致变速箱传动系的强度下降（图 4-29）。一般情况下按照正常的使用强度，以渗碳钢为原材料制作的零部件，设计寿命一般在 20 年以上，几乎与汽车的寿命差不多。但值得注意的是，实际使用寿命受多种因素影响，包括驾驶环境、车主的驾驶习惯等，这些因素难以精确量化。因此，汽车制造商在设计时会充分考虑这些因素，通过优化材料配方、增加疲劳余量等手段，确保变速箱在质保期内能够稳定可靠地运行，避免因金属疲劳导致的故障。

图 4-29 齿轮疲劳断裂

4.5.2 案例分析

在汽车这一复杂而精密的机械系统中，变速箱是动力传输与调控的关键部件，其性能直接关乎车辆的整体运行效率、驾驶体验及安全性。而齿轮，作为变速箱内部不可或缺的核心组件，更是承担着传递动力、实现变速与换向的重要使命。齿轮的精度、强度及耐磨性不仅决定了变速箱的可靠性，也间接影响着汽车的使用寿命和行驶的稳定性。因此，在汽车变速箱的设计与制造中，齿轮的质量与性能被赋予了极高的重视。

当前，齿轮行业呈现出多元化、专业化的发展趋势，主要由工业齿轮、车辆齿轮及齿轮装备三大板块构成。其中，车辆齿轮占据市场的绝对主导地位，其市场份额高达 60%，是驱动汽车行业乃至整个机械制造业发展的关键力量。我国作为全球最大的齿轮生产国，截至 2016 年，齿轮总产值已突破 2300 亿元，彰显了我国齿轮制造业的雄厚实力与广阔前景。然而，齿轮在长期使用过程中，不可避免地会面临各种失效问题，如图 4-30 所示，主要包括表面磨损、点蚀剥落和断裂等。这些失效模式不仅严重影响了齿轮的使用寿命，也对汽车变速箱的整体性能构成了威胁。随着汽车工业的快速发展，对齿轮的精度、硬度、耐磨及疲劳强度提出了更高的要求，迫使汽车行业不断寻求创新解决方案，以提升齿轮的综合性能。

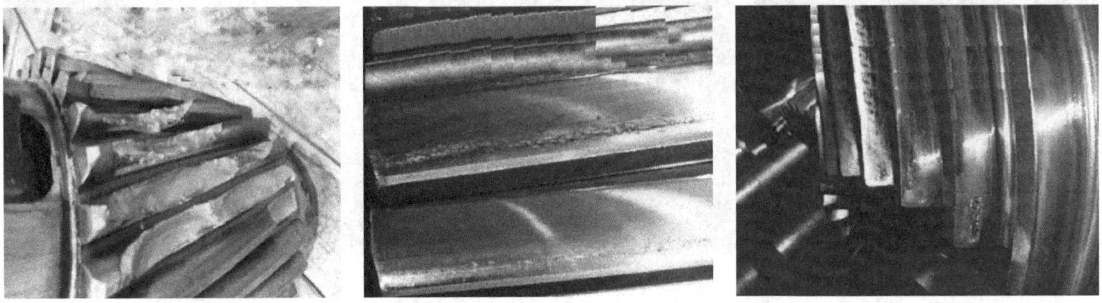

(a) (b) (c)

图 4-30 齿轮常见失效形式

（a）齿轮折断；（b）齿面点蚀；（c）齿面磨损

为了应对齿轮失效问题，表面改性技术应运而生，成为提升齿轮性能的重要途径之一。在众多表面改性方法中，渗碳、渗氮及碳氮共渗技术因其具有各自独特的优势而备受关注。渗碳技术通过增加齿轮表面的碳含量，可提高表面硬度和耐磨性，但存在处理温度高、时间长、易产生热处理变形等弊端。渗氮技术则能在较低温度下进行，减少变形，但单独使用效果有限。而碳氮共渗技术则结合了前两者的优点，通过同时渗入碳和氮元素，实现表面性能的全面提升，成为当前研究的热点。但其技术瓶颈依然明显：如何实现齿轮表面碳氮共渗的高效性与均匀性，同时有效抑制碳氮化合物的异常团聚长大，是当前亟待攻克的技术难题。这一挑战不仅关乎齿轮表面质量的提升，更是推动国内齿轮产业向高端化、自主化转型的重要一环。因此，深入研发并优化表面改性技术，特别是针对碳氮共渗过程的精确控制，对于提升我国齿轮行业的整体竞争力具有深远意义。

4.5.3　分级渗碳淬火工艺解决碳氮共渗难题

鉴于碳氮共渗工艺存在的瓶颈，高校科研团队与相关齿轮生产企业联合对合金钢齿轮表面渗碳技术进行了攻关。团队在传统碳氮共渗工艺上进行了升级改进，创新性的提出分级渗碳淬火工艺，这一工艺通过分阶段控制温度和时间，引导碳、氮原子以最优路径渗入钢材内部，不仅大幅提升了渗入效率，还有效抑制了表面内氧化和非马氏体组织的形成，实现了碳氮化合物在表层组织的弥散化分布。这一转变显著增强了齿轮表面的硬度和耐磨性等关键性能，也提高处理效率、降低处理成本、减小工件的变形。可见，该技术不但在节能减排和降低成本方面有较大潜力，而且还有广阔的推广应用市场和可观的经济效益。

新工艺的完善离不开创意设计和反复试验。最初，在分级渗碳淬火工艺这一想法的指引下，研究团队以齿轮钢 20CrMnTi 作为研究对象，精心设计了在 840~880 ℃、1~12 h 的一系列渗碳实验，以探讨渗碳温度和时间对表面渗层组织的影响（图 4-31）。在实验过程中，他们发现，在 840 ℃渗碳处理 1 h 和 2 h，合金钢表面形成了一层梯度硬化层，细小的碳氮化合物弥散镶嵌其中。令人欣喜的是，非马氏体组织的厚度被牢牢控制在了 10 μm 以内。随着温度升高至 860 ℃、时间延长到 9 h，齿轮钢表面渗层的厚度显著增加，但碳氮化合物依然保持着弥散分布的状态，非马氏体组织的厚度也仅略有增加。这一发现，让团队成员们信心倍增。

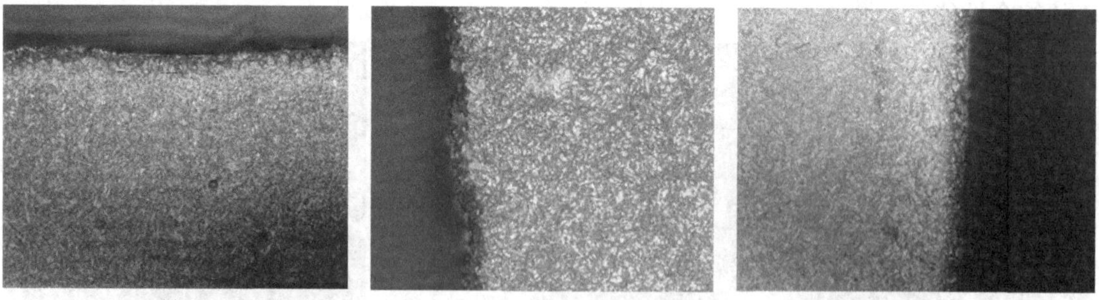

(a)　　(b)　　(c)

图 4-31　20CrMnTi 钢经过渗碳及回火处理后的表层弥散碳氮化合物形貌

（a）840 ℃/1 h；（b）840 ℃/2 h；（c）860 ℃/9 h

为了将实验室的成果转化为实际生产力，高校科研团队与某电动汽车企业携手合作，对传动齿轮进行了实战验证（图4-32）。经过他们提出的“880 ℃渗碳处理6 h，并在850 ℃保温30 min后油淬火，随后180 ℃低温回火3 h”的创新工艺热处理后，齿轮表面焕然一新：细小而均匀的碳氮化合物颗粒密布其上。同时齿轮表面的硬度和耐磨性显著提升，内氧化层厚度控制在12 μm，非马氏体组织厚度也保持在合理范围内。

图4-32　某企业电动汽车齿轮零件

为了进一步揭示这一工艺背后的科学原理，团队对880 ℃渗碳处理6 h的齿轮进行了深入的显微分析。在透射电子显微镜下，他们发现了微观组织中的奇妙变化：在距离表面100 μm处，黑色颗粒状碳氮化合物颗粒零星存在，说明齿轮表面形成了强化相；齿轮次表层还出现平均宽度仅500 nm的高碳针状马氏体，其间还夹杂着大量孪晶马氏体，展现出一种独特的组织结构美。然而，TEM的视野有限，难以全面捕捉碳氮化合物的含量及宏观分布特征。于是，他们转而采用EBSD技术，对齿轮近表面进行了更精细的表征，发现齿轮表面布满了细小均匀的碳氮化合物颗粒，平均尺寸仅为250~300 nm。这些颗粒如同无数微小的强化点，显著提升了齿轮的硬度和耐磨性。同时，合金表面组织呈现随机分布状态，无明显织构形成，残余奥氏体含量也较低。这一切都表明，分级渗碳淬火工艺不仅提高了齿轮的性能，还优化了其微观结构。

随着实验的深入和数据的积累，团队终于揭开了分级渗碳淬火工艺的神秘面纱。他们通过这一新型渗碳技术，不仅显著降低了渗碳处理温度（相对传统渗碳温度降低50~80 ℃），缩短了处理时间，还有效抑制了内氧化层和表面非马氏体组织的形成，最终在齿轮表面获得了细小均匀的碳氮化合物颗粒，显著提高了齿轮的硬度和耐磨性。这一创新成果不仅降低了生产成本、提高了生产效率，更为我国制造业的转型升级贡献了一份力量。

4.5.4　结语

高校科研团队成功将分级渗碳淬火工艺应用于汽车变速箱齿轮的表面改性，通过优化工艺参数，实现了齿轮表面细小碳氮化合物的均匀分布，显著提高了齿轮的硬度和耐磨性。实验结果表明，该工艺不仅能有效延长双离合变速箱的使用寿命，还能降低生产成本、提高生产效率，为汽车制造业的转型升级提供了有力支持。本研究不仅丰富了齿轮表面改性技术的理论体系，也为实际应用提供了可行的技术路径。

4.5.5 案例使用说明

4.5.5.1 适合课程

材料表面技术与工程、金属材料热处理、金属学原理、材料加工工程、先进制造技术等工程。

4.5.5.2 理论依据与关键要点

A 理论依据

（1）材料科学：涉及材料的力学性能、疲劳行为、相变理论等。

（2）材料组织设计理论：组织设计的目的、组织设计的依据。

（3）化学改性理论：化学改性的目的、化学改性的作用、化学改性手段选择的依据。

（4）热处理原理：包括渗碳、淬火、回火等热处理工艺的基本原理及其对材料性能的影响。

（5）微观组织分析：运用透射电子显微镜（TEM）、电子背散射衍射（EBSD）等先进技术揭示材料微观结构变化。

B 关键要点

（1）齿轮性能要求：高强度、高韧性、高耐磨性是齿轮材料的基本要求，直接影响变速箱的寿命和性能。

（2）表面改性技术：通过渗碳、渗氮或碳氮共渗等技术提高齿轮表面硬度和耐磨性，但传统工艺存在诸多局限。

（3）分级渗碳淬火工艺：通过分阶段控制温度和时间，实现碳氮原子的高效渗入和弥散分布，显著提升齿轮性能。

（4）实际应用验证：新工艺在实际生产中的成功应用证明了其有效性和经济性，为汽车制造业提供了转型升级的新途径。

4.5.5.3 分析思路

教师可以根据自己的教学目标、教学方法和学员的实际情况灵活使用本案例，以下提供一些分析思路，仅供参考。

首先，阐述双离合变速箱的发展背景及技术挑战，引出齿轮性能对变速箱寿命的重要性，并介绍齿轮的材料选择（如渗碳钢）、性能要求（如强度、韧性、耐磨性）及其在实际使用中的金属疲劳问题。然后，分析表面改性技术（如渗碳、渗氮、碳氮共渗）在提升齿轮性能方面的应用及各自优缺点，使研究生深入理解金属表面改性及热处理的基本概念与特征。接着，介绍分级渗碳淬火工艺的原理、实施步骤及优化过程，通过对比实验验证新工艺对齿轮性能的提升效果，使研究生掌握解决企业使用的齿轮表面硬度偏低、耐磨性差、疲劳强度低等难题的基本思路，明确齿轮表面强化研究的基本内容与设计路径，培养其科研创新思维，提高其新材料创新研发和工程实践的能力。最后，总结分级渗碳淬火工艺的优势与成果，探讨其在汽车制造业转型升级中的潜力与前景。

4.5.5.4 思考题

（1）分析不同渗碳温度和时间组合对齿轮表面性能的具体影响，并提出一种优化的渗碳工艺方案。

（2）通过 TEM 和 EBSD 分析，发现渗碳处理后齿轮表面形成了细小均匀的碳氮化合物颗粒和一级马氏体。解释这些微观组织特征如何影响齿轮的硬度和耐磨性，并探讨其他可能影响齿轮性能的微观组织因素。

（3）探讨如何将这种渗碳技术应用于其他高性能机械零件的制造中。请提出具体的应用场景和改进建议，以进一步提升零件的使用寿命和性能。

（4）此案例中关于该齿轮渗碳后的接触疲劳实验研究尚未涉及，试根据齿轮零件应用工况要求，设计相关疲劳实验内容，明确其主要目的。

（5）此案例中关于该齿轮渗碳后的热处理变形相关工作尚未涉及，试根据齿轮零件热处理及应用背景，分析其影响热处理变形的因素，并结合本案例解决问题思路，拟定解决齿轮热处理变形的初步方案。

4.6 感光性溶胶-凝胶微细图形加工——开启 Bi-2212 超导薄膜微细图形制备的创新之旅

超导体具有零电阻和完全抗磁性，在诸多领域都具有广泛应用前景。但在实现超导薄膜微细图形制备时却面临挑战。本案例介绍了一种创新的感光性溶胶-凝胶微细图形加工方法，通过化学修饰剂与金属离子的相互作用，赋予溶胶紫外感光特性，结合高精度紫外光刻技术，实现了 Bi-2212（铋锶钙铜氧）超导薄膜的微细图形制备，解决传统超导薄膜制备方法在图形精度和复杂度上的局限。通过案例分析，使研究生了解并掌握超导的理论知识和感光性溶胶-凝胶微细图形加工方法的原理、工艺流程，培养研究生的科研素养和创新能力，激发其对科学研究的兴趣。

4.6.1 案例背景

2023 年，韩国某科研团队宣布成功制备出一种名为 LK-99 的室温超导材料（图 4-33），这一消息迅速在全球科研界内引起广泛关注和研究热情。然而，经过全球多家顶尖科研机构的深入验证，这一初步发现最终被证实是错误的。

(a) (b)

图 4-33 超导现象示意图

（a）低温超导；（b）LK-99 室温“超导”

Nature 杂志在 2023 年 8 月 21 日发表的题为《LK-99 不是超导体——科学侦探如何解开谜团》的文章详细梳理了事件的经过。LK-99 电阻率的显著降低并非源自其本身的超导

性质，而是硫化亚铜杂质的干扰所致。同时，LK-99所展现的磁悬浮现象也被证实为铁磁性物质的作用，而非超导效应的直接体现。德国研究人员的进一步实验更是明确表明，纯LK-99实际上是一种高电阻绝缘体（图4-34），并不具备超导性质。

图4-34 德国马普所证实LK-99不是室温超导体

4.6.2 案例分析

尽管LK-99事件最终被证明是一个错误，但超导材料的研究和应用仍然是科学界的一个重要方向。仔细分析不难发现，该研究团队存在实验操作误差或对实验数据误解的问题。他们未能准确识别样品中的杂质，如硫化亚铜，这些杂质导致了电阻率的异常下降，从而被误认为是超导现象。由此可见，保证科研的严谨性、掌握超导的基本原理和特性对于超导研究工作的顺利推进是十分关键的。

超导体是指在某一特定温度（称为超导临界温度）以下，电阻会突然消失为零的材料。尽管严格意义上的零电阻无法测量出来，但是精确实验表明，超导材料的电阻率要小于$<10^{-18}\ \Omega\cdot m$，比导电性最好的金属（如银、铜、金、铝等，也是目前电线的主要成分）要整整低了10个数量级！这意味着电流可以在超导体中无损耗地流动。超导体不仅具有零电阻特性，还具备完全抗磁性，即可以把体内的所有磁力线排至外面，体内的磁感应强度为零（图4-35）。这是由于超导体内部电子形成了宏观量子凝聚态，对外磁场有完全的屏蔽效应。该效应又被称为“迈斯纳效应”。

由于同时具有零电阻效应和完全抗磁性，可以说凡是用得上电的地方，都有超导的用武之地。超导输电可以节约目前高压交流输电技术中15%左右的损耗。利用超导线圈制作的超导磁体具有体积轻小、磁场高、均匀性好、耗能低等优势，是高分辨核磁共振成像、基础科学研究、人工可控核聚变等关键技术的核心。和常规磁悬浮技术相比，超导磁悬浮列车更为高速、稳定和安全，是重要的交通工具（图4-36）。超导还具有许多复杂有趣的微观量子效应，利用超导电流的量子干涉效应制备的超导量子干涉仪，对外磁场感应极其敏感，是目前世界上最灵敏的磁测量仪器。基于超导量子干涉仪制备超导量子比特，是未

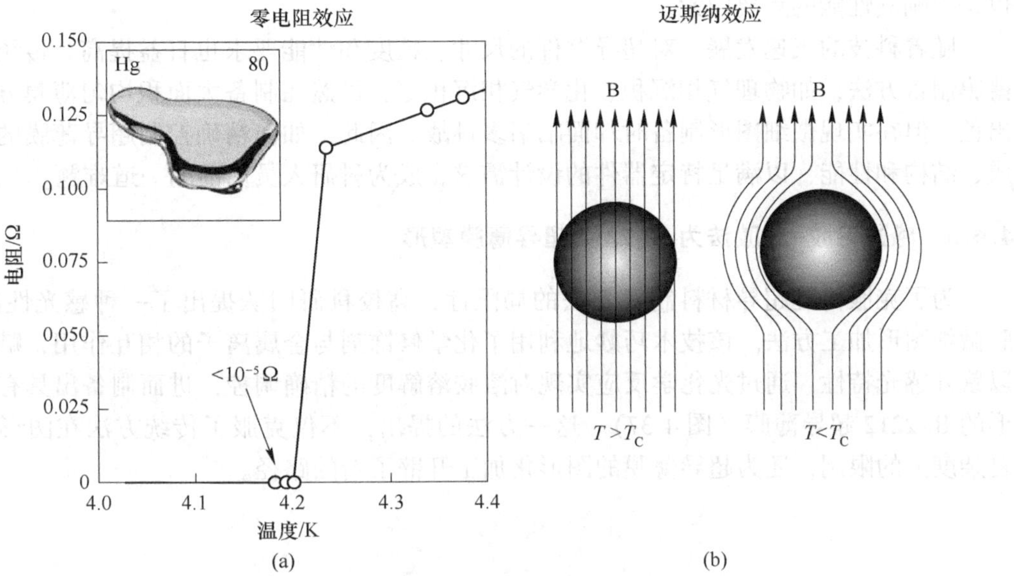

图 4-35　超导效应

（a）零电阻效应；（b）迈斯纳效应（完全抗磁性）

来量子计算中最重要的量子单元，基于量子力学原理实现的高性能计算，将掀起一场新的信息革命。超导材料阻抗性能好，利用超导体替换常规金属做微波器件，具有信噪比高、带边抑制明显、带宽控制灵活等多个优势。

图 4-36　超导体的应用实例

（a）超导磁悬浮列车；（b）超导量子干涉仪

尽管超导材料具有诸多优异性能，但其实际应用却面临着诸多挑战。首先，大多数超导材料的临界温度极低，需要昂贵的低温制冷系统来维持其超导状态，这极大地限制了其商业化应用的进程。例如，大多数传统低温超导体需要在液氦的温度下工作，而液氦的制冷和储存成本较高。相比之下，高温超导体，如 YBCO（钇钡铜氧）和 Bi-2212（铋锶钙铜氧）等，可以在液氮温度以上工作，从而降低了制冷成本。其次，超导材料的力学性能通常较差，加工难度大，难以制成复杂形状的器件。此外，超导体的不均匀性和微观缺陷也是影响其性能的重要因素。

随着科技的飞速发展，对超导器件的尺寸、精度和性能要求也日益提高。传统的超导薄膜制备方法，如物理气相沉积、化学气相沉积等，虽然在制备大面积均匀薄膜方面表现出色，但在实现微细图形制备时却面临诸多挑战。因此，如何精确控制超导薄膜的局部组成、结构和性能，以满足特定器件的设计需求，成为科研人员面前的一道难题。

4.6.3 感光溶胶–凝胶法为 Bi-2212 超导薄膜塑形

为了克服传统超导材料制备方法的局限性，高校科研团队提出了一种感光性溶胶-凝胶微细图形加工方法。该技术巧妙地利用了化学修饰剂与金属离子的相互作用，赋予溶胶以紫外感光特性，通过光化学反应实现对溶胶溶解度的精确调控，进而制备出具有微细图形的 Bi-2212 超导薄膜（图 4-37）。这一方法的提出，不仅克服了传统方法在图形精度和复杂度上的限制，还为超导薄膜的图形化加工开辟了新的路径。

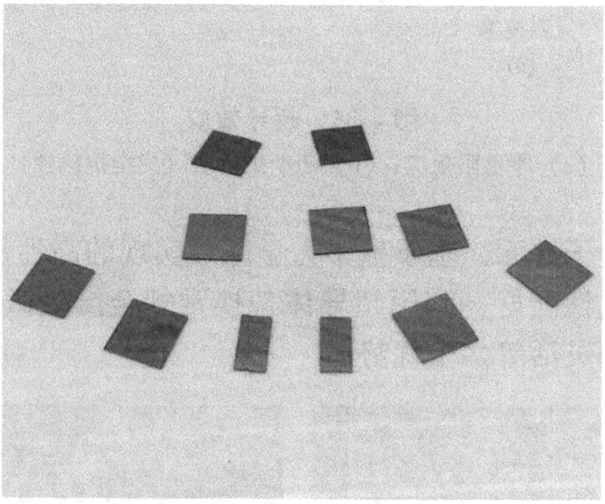

图 4-37 超导薄膜

在技术研究过程中，选择合适的金属醋酸盐作为起始原料是第一步。这些金属离子不仅是超导材料的基本组成元素，其化学性质也直接决定了后续溶胶的稳定性和感光性能。研究团队通过向含有金属醋酸盐的溶胶中加入丙烯酸化学修饰剂，成功地将其转变为具有紫外感光特性的新型材料。团队负责人介绍到："化学修饰剂在溶胶中扮演着至关重要的角色。它们能够与金属离子形成稳定的配位化合物，这种化合物在紫外光照射下会发生特定的光化学反应，导致溶胶在受光区域的溶解度显著降低。而溶解度差异是实现微细图形制备的关键所在。在紫外光图案曝光过程中，受光区域的溶胶因溶解度降低而形成稳定的凝胶层，而未受光区域则保持较高的溶解度，可通过溶剂轻松去除，从而精确复制出光照图案的微细结构。"

为了实现从溶胶到超导薄膜的顺利转变，研究团队开发了一套直接感光的工艺流程。该流程包括溶胶涂覆、紫外光图案曝光、溶剂处理去除未曝光区域以及后续的热处理步骤（图 4-38）。每一步都需精心设计和严格控制，以确保最终薄膜的质量和性能。在溶胶涂覆阶段，团队采用了旋涂、浸涂等多种方法，以获得均匀且厚度可控的溶胶薄膜。随后，利用高精度的紫外光刻技术，将设计好的图案精确投射到薄膜上，实现紫外光图案曝光。在曝光过程中，光强、曝光时间等参数的精确控制至关重要，它们直接影响到图形的分辨率和边缘清晰度（图 4-39）。

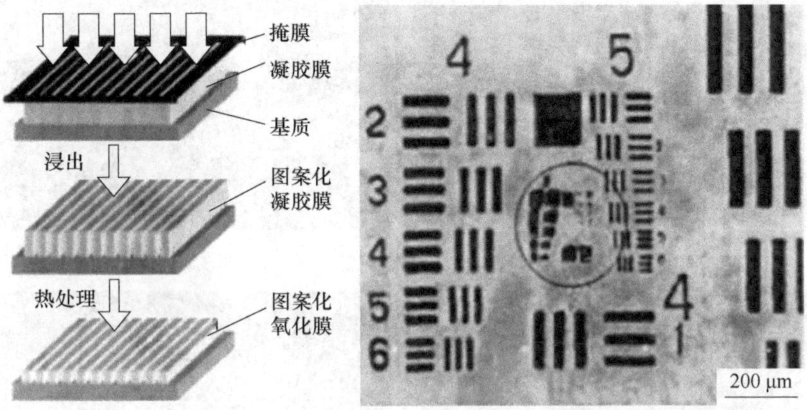

(a) (b)

图 4-38 超导薄膜的图形化工艺流程和薄膜形貌

（a）微细图案的制备工艺流程；（b）薄膜图形的光学显微照片

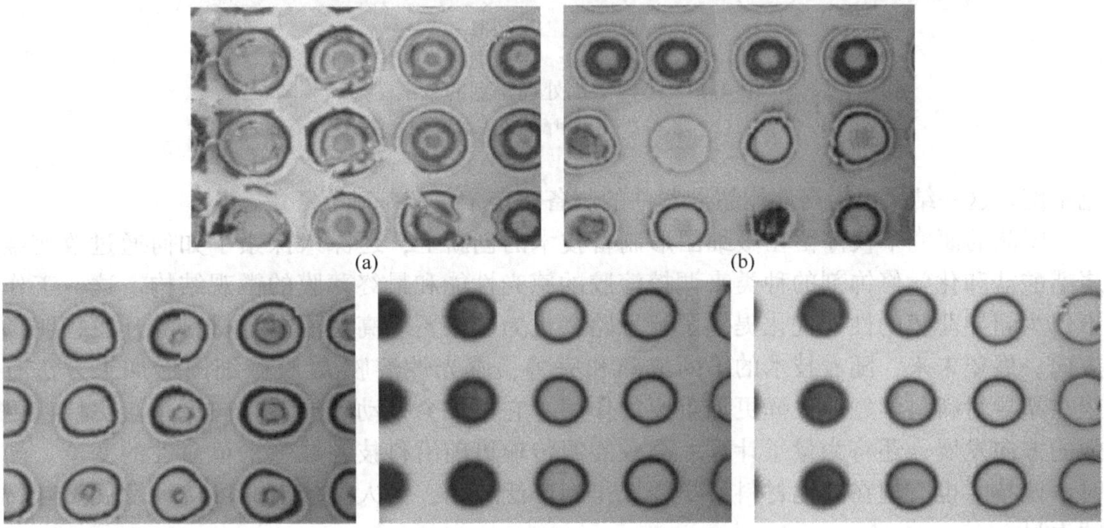

(a) (b) (c) (d) (e)

图 4-39 不同曝光时间下得到的微细图形

（a）20 min；（b）10 min；（c）30 min；（d）40 min；（e）50 min

曝光完成后，进入溶剂处理阶段。此时，选择合适的溶剂种类和处理时间至关重要。溶剂需要能够有效去除未曝光区域的溶胶，同时避免对已形成凝胶层的破坏。经过溶剂处理后，薄膜上便留下了与光照图案相对应的微细图形（图 4-40）。

最后，通过热处理步骤，凝胶薄膜中的金属配位化合物会发生分解和重排，形成具有特定晶体结构的超导相。在这一过程中，研究团队通过精确控制温度、气氛等条件保证经过热处理的薄膜不仅具有较高的超导转变温度，还表现出良好的热稳定性和较高的临界电

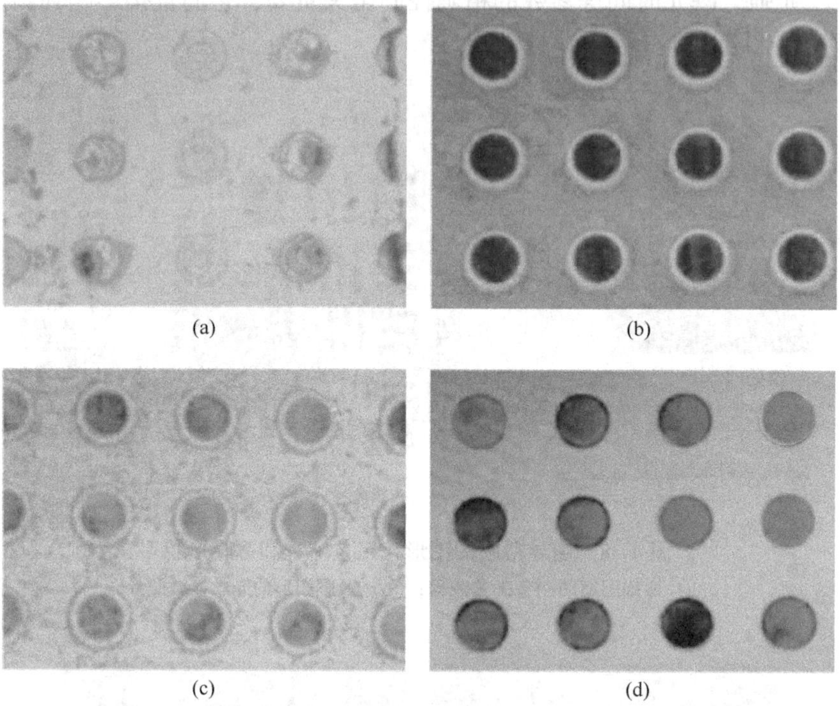

图 4-40 不同溶剂处理得到的微细图形
（a）甲醇；（b）乙醇；（c）甲醇+正丁醇；（d）甲醇+异丙醇

流密度。这一结果也为高性能超导器件的制备奠定了坚实基础。

团队的研究不仅停留在微细图形制备技术的创新上，还深入探索了如何通过改变金属醋酸盐和化学修饰剂的种类来调控溶胶的感光性能和最终薄膜的微观结构。这一工作不仅为超导薄膜的性能优化提供了新思路，也为未来更多高性能超导材料的开发指明了方向。展望未来，随着技术的不断成熟和完善，感光性溶胶-凝胶微细图形加工方法有望在超导材料科学领域发挥更加重要的作用。它不仅会推动超导器件向更小、更快、更强的方向发展，还将为量子计算、高效能源传输等前沿科技领域带来革命性的变革。同时，该技术也有望在其他材料科学领域得到广泛应用，为人类社会的可持续发展贡献新的力量。

4.6.4 结语

本案例展示了高校研究团队在超导材料领域的创新成果，即利用感光性溶胶-凝胶微细图形加工方法制备 Bi-2212 超导薄膜微细图形。该技术通过精确控制溶胶的感光性能，实现了超导薄膜的高分辨率图形化加工，突破了传统超导薄膜制备方法的局限性，为超导器件的微型化与集成化提供了新思路。这一案例不仅丰富了超导材料的研究手段，也展示了科研创新在推动技术进步中的关键作用。本案例既是对科研诚信与数据验证重要性的警示，也是对科研创新与技术进步潜力的展示，为研究生教学提供了宝贵的参考与启示。

4.6.5 案例使用说明

4.6.5.1 适合课程

功能材料、先进材料制备技术、超导材料与应用、材料表面与界面工程、微纳加工技术等课程。

4.6.5.2 理论依据与关键要点

A 理论依据

(1) 光化学反应原理：解释紫外光照射下化学修饰溶胶中发生的光化学反应，包括配位化合物的解离、重排等过程。

(2) 溶胶-凝胶法：阐述溶胶-凝胶法制备薄膜的基本原理和步骤，包括溶胶的稳定性、凝胶化过程及热处理对薄膜性能的影响。

(3) 超导理论：介绍超导体的基本特性（零电阻效应、迈斯纳效应）及其物理机制，为后续分析超导薄膜性能提供理论基础。

B 关键要点

(1) 超导材料的零电阻效应和迈斯纳效应：理解超导材料的基本特性，掌握其在能源传输、医疗成像等领域的应用。

(2) 化学修饰溶胶的感光特性：通过化学修饰剂与金属离子的相互作用，赋予溶胶紫外感光特性，实现光化学反应控制。

(3) 高精度紫外光刻技术：利用高精度的紫外光刻设备，实现微细图形的精确曝光和复制。

(4) 溶胶-凝胶转变与热处理：通过溶剂处理和热处理步骤，将溶胶转变为具有特定晶体结构的超导薄膜。

4.6.5.3 分析思路

教师可以根据自己的教学目标、教学方法和学员的实际情况灵活使用本案例，以下提供一些分析思路，仅供参考。

首先回顾 LK-99 室温超导材料发现与验证的整个过程，分析科研团队在实验操作和数据分析中可能存在的问题。然后，详细阐述超导材料基本概念、性质及应用领域，并点明其目前急需解决的问题。接着，介绍感光性溶胶-凝胶微细图形加工方法的原理、工艺流程及关键步骤，理解其如何实现微细图形的精确制备，培养研究生的科研素养和创新能力，激发其对科学研究的兴趣。最后，结合超导材料的特性与应用领域，探讨该技术在实际应用中的潜在价值及面临的挑战。

4.6.5.4 思考题

(1) 为什么 LK-99 室温超导材料的发现最终被认为是乌龙事件？这对科研诚信有何启示？

(2) 感光性溶胶-凝胶微细图形加工方法相比传统超导薄膜制备方法有哪些优势？

(3) 如何进一步优化感光性溶胶-凝胶微细图形加工方法，以提高 Bi-2212 超导薄膜的性能和稳定性？

(4) 超导材料在哪些领域具有潜在应用？结合案例，谈谈你的看法。

参考文献

[1] 上海噬菌体与耐药研究所.《柳叶刀》重磅：细菌感染成为全球第二大死因［EB/OL］.（2022-12-05）［2024-08-07］. https://www.yxj.org.cn/detailPage?articleId=343711.

[2] GBD 2019 Antimicrobial Resistance Collaborators. Global mortality associated with 33 bacterial pathogens in 2019: A systematic analysis for the Global Burden of Disease Study 2019［J］. Lancet, 2022, 400（10369）: 2221-2248.

[3] YAGHI O M. 网格化学导论：金属有机框架和共价有机框架［M］. 李巧伟，译. 北京：化学工业出版社，2023.

[4] 陈小明，张杰鹏. 金属-有机框架材料［M］. 北京：化学工业出版社，2017.

[5] 新华网. 西京医院为强直性脊柱炎"折刀人"成功实施矫形手术［EB/OL］.（2019-05-30）［2024-08-20］. https://k.sina.com.cn/article_2810373291_a782e4ab020015bti.html.

[6] KÜHN K-D. PMMA 骨水泥［M］. 张克，译. 北京：北京大学医学出版社，2015.

[7] 天和 Auto. 小米汽车回应"SU7 在事故中冒烟"原因：撞击导致内电池内部短路［EB/OL］.（2024-09-17）［2024-09-20］. https://www.shenxuanche.com/news/388569.

[8] 傅献彩，沈文霞，姚天扬，等. 物理化学［M］. 5 版. 北京：高等教育出版社，2006.

[9] 程新群. 化学电源［M］. 2 版. 北京：化学工业出版社，2018.

[10] Li M, CHEN H, GUO C, et al. Interfacial engineering on cathode and anode with iminated polyaniline@rGO-CNTs for robust and high-rate full lithium-sulfur batteries［J］. Advanced Energy Materials, 2023, 13（25）: 2300646.

[11] 失效分析. MLCC 电容常见失效案例，千万别踩坑！［EB/OL］.（2022-10-24）［2024-09-01］. https://zhuanlan.zhihu.com/p/576638084.

[12] 陈国华，许积文. 新型电容器介电陶瓷储能材料［M］. 北京：化学工业出版社，2021.

[13] 梁力平. 片式叠层陶瓷电容器的制造与材料［M］. 广州：暨南大学出版社，2008.

[14] 王彬宇，陈华文，冯皓，等. MLCC 电容环境失效案例解析［J］. 日用电器，2024（4）：108-112.

[15] YANG S, ZHOU W, WANG M, et al. Grain-orientation-engineered multilayer ceramic capacitors for energy storage applications［J］. Nature Materials, 2020, 19: 999-1005.

[16] 新浪财经. 选矿备件——400 亿规模的长坡厚雪赛道［EB/OL］.（2024-08-21）［2024-08-30］. https://finance.sina.com.cn/roll/2024-08-21/doc-inckkuya 2597178.shtml.

[17] 李亚江. 特种连接技术［M］. 北京：机械工业出版社，2019.

[18] 胡赓祥，蔡珣，戎咏华. 材料科学基础［M］. 上海：上海交通大学出版社，2010.

[19] 杜则裕. 焊接冶金学——基本原理［M］. 北京：机械工业出版社，2018.

[20] 搜狐网. 油气管道内腐蚀风险及防护措施汇总［EB/OL］.（2020-07-28）［2024-08-30］. https://www.sohu.com/a/410219557_120059415.

[21] 李鑫，尚东芝，于浩波，等. 油气管道 SRB 腐蚀研究新进展［J］. 表面技术，2021，50（2）：211-220.

[22] 陈怡璇. pH 和/或透明质酸酶响应性银金属-有机框架及其复合材料的结构与抗菌性质研究［D/OL］. 西安：西安理工大学，2024［2024-08-07］. https://kns.cnki.net/kcms2/article/abstract?v=Ep7N7zfewyT5-cI60LOODPG8OlVROKFO_-IWbHJjkxAyfzIBftOepcpxUgQuBJl7lz8nURlTtUe4twA-wIQwrvkdVMnuYUofrXg-vpk9Qz6MNMXgHZ-RSrJt72Tbb0hzbudR2b8Gz5Ml2 TXAu75KJzx7iZE1Npa1NlMM8JVJ1C7869qhfOQ_dS-5s00J14u_irs&uniplatform=NZKPT&language=CHS.

[23] 谭权昌，雷伟，刘宁，等. 新型可膨胀聚甲基丙烯酸甲酯骨水泥理化性质及生物相容性分析［J］. 脊柱外科杂志，2015，13（3）：176-181.

[24] YANG Z, CHEN L, HAO Y, et al. Synthesis and characterization of an injectable and hydrophilous expandable bone cement based on poly (methyl methacrylate) [J]. ACS Applied Materials & Interfaces, 2017, 9: 40846-40856.

[25] CHEN L, TANG Y, ZHAO K, et al. Absorptive and expansive behaviors of poly (methylmethacrylate-co-acrylic acid) bone cement [J]. Colloids and Surfaces B: Biointerfaces, 2020, 189: 110848.

[26] DU Z, CHEN X, HU W, et al. Cobalt in nitrogen-doped graphene as single-atom catalyst for high-sulphur content lithium-sulphur batteries [J]. Journal of the American Chemical Society, 2019, 141 (9): 3977-3985.

[27] 许跃. 双金属氧化物包覆改性锂离子电池正极材料 $LiNi_{0.8}Co_{0.1}Mn_{0.1}O_2$ 的研究 [D/OL]. 西安: 西安理工大学, 2021 [2024-09-20]. https: //kns. cnki. net/kcms2/article/abstract? v = Ep7N7zfewyQx7aK6uSsImzFuHUOcEKoKJ0R2h3vEy0t _ A9vXQA6AHoan6Vit1OtYoIVY80OUnbfzCPdbJywlbKuFBIljrjoGa9U9HMKU _ dyRTaF9gwvsRy _ KNw1Xmwop-GnzzVtkbawIUR-4 _ 8-qQr5cP0rmA36iwlI61PtUDWq2JREGv3ljmrl BUEkFBrvEetPRsScwksQ = &uniplatform = NZKPT&language = CHS.

[28] DENG Z, LIU Y, WANG L, et al. Challenges of thermal stability of high energy layered oxide cathode materials for lithium-ion batteries: A review [J]. Materials Today, 2023, 69: 236-261.

[29] 陈浩舟, 邹大中, 李勋, 等. 锂离子电池正极材料热稳定性研究 [J]. 稀有金属与硬质合金, 2021, 49 (5): 47-52.

[30] 孙桂岩. 锂离子电池三元正极材料的热稳定性研究 [D/OL]. 厦门: 厦门大学, 2019 [2024-09-20]. https://kns. cnki. net/kcms2/article/abstract? v = XRdBcB-NO4QjnOfOjELxcbHrKi-ub99ed6O3pzh7tczQIeXO8D5irI_UHfVSAprHTl zacVZ143j-XGM4YJo8xjCGSqGOTZV18S9M69lc5ZYxI1PgBW8adVEG0cj4QDmHlxjXSbYUwdoN _ MsUqT _ 4YJ5zmTZ0wTOaTf1KHK5Q _ 0k5 _ 1eiAfGCWZTV-Kzzi2nJ0zFHM-N44vQ = &uniplatform = NZKPT&language = CHS.

[31] 曹福林. 钛酸铋钠基超宽温区 MLCC 介质材料制备与介电性能研究 [D/OL]. 西安: 西安理工大学, 2023 [2024-09-01]. https://kns. cnki. net/kcms2/article/ abstract? v = XRdBcB-NO4Sq _ EY-5hEXnHCqFgqopnyNT4YztvCoOr-ZPUlRV59ZMsSZmHuTK95DP51U0lI7HXXosCCDqOcM7F4bE2f12pkhwj0neFKqVXYDKW _ xZG7GoaZwec9SOMy _ ITqpniTffXNDSJi3c6kx7oLf3hkE06OYSwJVIFPwd9v5qqS9maBNJOpM-WcJOjk0HYD8aGrDnQA = &uniplatform = NZKPT&language = CHS.

[32] 王天午. MLCC 电容失效分析总结 [J]. 电声技术, 2018, 42 (2): 36-40, 70.

[33] 刘燕芳, 郭海波, 潘启智, 等. 多层陶瓷电容器的失效分析 [J]. 电子元件与材料, 2010, 29 (11): 72-74.

[34] 赵冰清, 解伟, 李文涛, 等. 片式多层陶瓷电容器失效分析 [J]. 河南科技, 2018 (35): 75-78.

[35] 吴承建. 金属材料学 [M]. 北京: 冶金工业出版社, 2009: 141-152.

[36] 司乃潮, 傅明喜. 有色金属材料及制备 [M]. 北京: 化学工业出版社, 2006.

[37] LIU L, ZHUANG Z, LIU F, et al. Additive manufacturing of steel-bronze bimetal by shaped metal deposition: Interface characteristics and tensile properties [J]. The International Journal of Advanced Manufacturing Technology, 2013, 69: 2131-2137.

[38] WANG Q, ZHENG Q, LI D. Development of copper alloy-steel bimetallic bearing materials and manufacturing technology [J]. Materials Science Forum, 2020, 5930: 374-383.

[39] OKSANEN V T, LEHTOVAARA A J, KALLIO M H. Load capacity of lubricated bismuth bronze bimetal bearing under elliptical sliding motion [J]. Wear, 2017, 388-389: 72-80.

[40] KAUSHAL K, MUKHOPADHYAY G, ADHIKARY M. Metallurgical analysis of premature failure of a phosphor bronze worm wheel [J]. Journal of Failure Analysis and Prevention, 2018, 18 (6): 1321-1326.

[41] 张平, 张元好, 常庆明. 高强铜/钢双金属复合导板的界面结合机制 [J]. 特种铸造及有色合金,

2012，32（8）：768-770.

［42］IMRAN M K，MASOOD S H，BRANDT M. Bimetallic dies with direct metal-deposited steel on Moldmax for high-pressure die casting application［J］. The International Journal of Advanced Manufacturing Technology，2011，52：855-863.

［43］D´ANDREA D，EPASTO G，BONANNO A，et al. Failure analysis of anti-friction coating for cylinder blocks in axial piston pumps［J］. Engineering Failure Analysis，2019，104：126-138.

［44］张云龙．铜/钢复合结构增材制造界面调控及过渡材料研究［D/OL］. 西安：西安理工大学，2021［2024-08-30］. https：//kns. cnki. net/kcms2/article/ abstract？ v=XRdBcB-NO4Tf48pbE2So5G9PmetnS_fpMZILbdyTJwWVJ8FD PrC1_TnwFPEqVVj_y9X7ESZBxI7hCgBRaHF9kPvC4g1cRvpaF4dWZGpT-OfwDz-PkbeuItMqFdXmrrH31ANLFGyePqGLbXGDionprPgB11pXTfMIBXGKv5ppFpgw17x8E4Duoz5dqfWoOPb17n_-VctvMPjc=&uniplatform =NZKPT&language=CHS.

［45］JIANG J，TANG Y，ZHOU Q，et al. Enhancement of anti-microbial corrosion properties through coatings incorporating S^{2-} responsive TCS-MSNs@ TA-Fe^{III} nanofillers［J］. Progress in Organic Coatings，2024，188：108255.

［46］SUN Y，TANG Y，HE Y，et al. A self-powered wound dressing based on “Lock-ON/OFF” drug release combined electric stimulus therapy for accelerated infected wound healing［J］. Advanced Functional Materials，2024：2315086.

［47］人民网．世界微观摄影大赛展现物体微观之美［EB/OL］.（2016-10-31）［2024-08-25］. https：//www. sohu. com/a/117703964_114731.

［48］澎湃新闻．颠覆想象！他们发现了科学的浪漫［EB/OL］.（2024-07-03）［2024-08-25］. https：//www. thepaper. cn/ newsDetail_forward_27943558.

［49］黎兵，曾广根．现代材料分析技术［M］. 成都：四川大学出版社，2017.

［50］Mbkill. 趣识 EC丨读懂电致变色黑科技，从「迭代史」开始［EB/OL］.（2023-09-25）［2024-08-28］. https：//www. yoojia. com/ask/17-12022398887992006644. Html.

［51］常建华，董绮功．波谱原理及解析［M］. 北京：科学出版社，2001.

［52］DEAN J A. 分析化学手册 第 6 章 红外光谱法与拉曼光谱法［M］. 常文保，译．北京：科学出版社，2003.

［53］吴刚．材料结构表征及应用［M］. 北京：化学工业出版社，2002.

［54］全国能源信息平台．单晶的故事：从高端军工到遍地开花，从盛极而衰到峰回路转［EB/OL］.（2020-08-31）［2025-01-15］. https：//baijiahao. baidu. com/s？ id=1676526015324063427.

［55］学习时报．林兰英：被称为中国半导体材料之母［EB/OL］.（2022-10-26）［2025-01-15］. http：//www. cas. ac. cn/xzfc/2022/0/t2022/026_4852701. shtml.

［56］赵万生．先进电火花加工技术［M］. 北京：国防工业出版社，2003.

［57］方崇智，萧德云．过程辨识［M］. 北京：清华大学出版社，1988.

［58］富士冲深拉伸．五金冲压拉伸成型工艺［EB/OL］.（2018-06-29）［2024-08-30］. https：//zhuanlan. zhihu. com/p/38683973.

［59］高锦张．塑性成形工艺与模具设计［M］. 2 版．北京：机械工业出版社，2015.

［60］柯旭贵，张荣清．冲压工艺与模具设计［M］. 2 版．北京：机械工业出版社，2016.

［61］李尧．金属塑性成形原理［M］. 2 版．北京：机械工业出版社，2013.

［62］佛山市青年商会．［百行百面孔］曾志涛：专注制造业转型 焕发企业新生机［EB/OL］.（2022-08-17）［2024-09-05］. https：//mp. weixin. qq. com/s？ _ biz = MzA5NTUyMzY2Mg = = &mid = 2650893101&idx = 1&sn = 10d739b270a4e9eacac78da28828098f&chksm = 8b4bcd0cbc3c441a543e513bd937460f08a26f584922355be823900ceb12acabc72917828394&scene=27.

[63] 高秀华．有限单元法原理及应用简明教程［M］．北京：化学工业出版社，2008.

[64] 王国强．实用工程数值模拟技术及其在 ANSYS 上的实现［M］．西安：西北工业大学出版社，1999.

[65] 张朝晖．ANSYS11.0 结构分析工程应用实例解析［M］．北京：机械工业出版社，2009.

[66] 国家自然科学基金委员会工程与材料科学部．机械工程学科发展战略报告（2021—2035）［R］．北京：科学出版社，2021.

[67] 新材全球网．一项黑科技即将诞生，金属表面摩擦会惊人减少 40%［EB/OL］．(2016-09-01)［2024-09-05］．https：//www.sohu.com/a/113166662_418669.

[68] HOLMBERG K，ERDEMIR A. Influence of tribology on global energy consumption，costs and emissions［J］. Friction. 2017，5：263-284.

[69] 戴雄杰．摩擦学基础［M］．上海：上海科学技术出版社，1984.

[70] 李金桂，肖定全．现代表面工程设计手册［M］．北京：国防工业出版社，2000.

[71] 周玉，武高辉．材料分析测试技术——材料 X 射线衍射与电子显微分析［M］．哈尔滨：哈尔滨工业大学出版社，2007.

[72] 卢照，魏慧欣，陈霞，等．透射电子显微镜样品的制备方法及技术综述［J］．科学技术与工程，2023，23（19）：8039-8049.

[73] 贺海燕．氟铌共掺二氧化钛阵列-非晶氧化钨复合薄膜的制备及电致变色性能研究［D/OL］．西安：西安理工大学，2021［2024-08-28］．https：//kns.cnki.net/ kcms2/article/abstract? v = XRdBcB-NO4SMyV88ELwSjimlQLyf0OVekYktrhR Sj8F _ IpJKfnzCxVqPWtGk _ GwtGjt _ reT _ DHKSIvvR8-z7E1LFFKHYMxNq ZHfm3OATNP4nvOGYy2jaj7T71gRfbTfizIeuW5xMlQRGyTmPYHX _yZGNhCBZ3W4OmLdQ0jybJj-bJkU6JmF0bQToJz6qPXvzxGmKwffhuLE =&uniplatform=NZKPT&language=CHS.

[74] 张权．感光溶胶-凝胶法制备 HfO_2 和 ZrO_2 微细图形的研究［D/OL］．西安：西安理工大学，2011［2024-08-28］．https：//www.docin.com/p-1375859911.html.

[75] 王婷．感光溶胶-凝胶法制备 $LiNbO_3$ 光栅及其衍射性能研究［D/OL］．西安：西安理工大学，2017［2024-08-28］． https：//kns.cnki.net/kcms2/article/abstract? v = XRdBcB-NO4RrZdTM _ 0KkqRFhU3vA8Wkob-0F6t7WRuLB_6UwpqcZbDsAE4arTeByG1mgqGLVwJ6VSNPdzeFaG3d5tpYvIZu9np 0Kb0ZpLngjOHQj-JSeLOJny7RSKtCQJY2rkevJcyrpn-doLI8t46pWdstoyE-uQYrODwnLrgro2es4TC7-4QXZLlEr11e1QQtD_pt3Y-4=&uniplatform=NZKPT&language=CHS.

[76] 陈集，饶小桐，蒋晓蕙，等．波谱分析［M］．成都：电子科技大学出版社，2003.

[77] 于世林．波谱分析法［M］．重庆：重庆大学出版社，1991.

[78] 马明明，安凤秋．波谱分析基础及应用［M］．北京：中国纺织出版社，2018.

[79] PEI Z J，KASSIR S，BHAGAVAT M，et al. An experimental investigation into soft-pad grinding of wiresawn silicon wafers［J］. International Journal of Machine Tools and Manufacture，2004，44（2/3）：299-306.

[80] 凌玲．半导体材料的发展现状［J］．新材料产业，2003，(6)：6-10.

[81] 马春．世界半导体硅材料发展现状［J］．上海有色金属，2005，26（3）：145-148.

[82] 邱明波．半导体晶体材料放电加工技术研究［D/OL］．南京：南京航空航天大学，2010［2024-08-30］． https：//kns.cnki.net/kcms2/article/abstract? v = XRdBcB-NO4TLUk _ l0S5JsByqSwQIdqXLbrOm0qkyXPaBU7aG1QL9cCeG0hV0iJd9VVTZft3XtnOT8V5-z7BxVNP0kqJuUpvjCES-KXp4E35HVutfVk6x6w351YfuhVMEeDve3LdOci5olo1YkjOQDNLexr4uNZhJEq6FmGS9YTYADn8Ek99YIRCszYvnWGPT&uni-platform=NZKPT&language=CHS.

[83] YOUNG H T，LIAO H T，HUANG H Y. Surface integrity of silicon wafers in ultra precision machining［J］. International Journal of Advanced Manufacturing Technology，2006，29（3/4）：372-378.

[84] 石贤良，吴成富．基于 MATLAB 的最小二乘法参数辨识与仿真［J］．微处理机，2005（6）：44-46.

[85] 路雄．单晶硅微弧等离子切割过程建模与控制［D/OL］．西安：西安理工大学，2018［2024-08-30］．https：//kns. cnki. net/kcms2/article/abstract？ v = XRdBcB-NO4Ru3NLqIFXGJOTPz6e _ kSTNP-acK2QsQo5bJ-jLHO3n5fBGlMtQpTOYD3Q7P0hbRkA5uHdpXfbC6RT-BowyO85PM _ wLyODXCbpRzFDW3Lfyi-uztSKN5V6F621iVDogJiKidLrQbwy-Ni8THGrY8JDZLlcLdag4sdRYiTqApymAGSqtdyd-0Kx52oWer5NQI1w=&uniplatform=NZKPT&language=CHS.

[86] 王忠贤，刘初升，张强，等．桶形件变压边力冲压成形工艺仿真实验及分析［J］．现代制造工程．2012，3：81-85.

[87] 全国锻压标准化技术委员会．金属板料拉深工艺设计规范：JB/T 6959—2008［S］．北京：中国机械总院集团北京机电研究所有限公司，2008.

[88] 董湘怀．金属塑性成形原理［M］．北京：机械工业出版社，2011.

[89] 俞汉清，陈金德．金属塑性成形原理［M］．北京：机械工业出版社，2010.

[90] 罗晓亮，于忠奇，李淑慧，等．高强钢辊弯回弹的有限元分析［J］．塑性工程学报，2008，15（5）：83-86.

[91] LUO X，YU Z，LI S，et al. Finite element analysis of the spring back in high strength steel roll forming［J］．Journal of Plasticity Engineering，2008，15（5）：83-86.

[92] 邢德茂，姚利辉，李学通．2030 mm 冷连轧机组板形预报及影响因素研究［J］．塑性工程学报，2021，28（3）：210-216.

[93] 刘赛男，孙洋洋，翟鹏远，等．电磁轨道炮铜合金导轨失效研究与应对策略［J］．兵器装备工程学报，2022，43（8）：87-94.

[94] ROBERTSON J. Diamond-like amorphous carbon［J］．Materials Science and Engineering：R：Reports. 2002，37：129-281.

[95] LETTINGTON A H. Applications of diamond-like carbon thin films［J］．Carbon，1998. 36：555-560.

[96] HAUERT R. An overview on the tribological behavior of diamond-like carbon in technical and medical applications［J］．Tribology International，2004，37：991-1003.

[97] ZHANG D，YI P，PENG L，et al. Amorphous carbon films doped with silver and chromium to achieve ultra-low interfacial electrical resistance and long-term durability in the application of proton exchange membrane fuel cells［J］．Carbon，2019，145：333-344.

[98] MA T，HU Y，WANG H，et al. Microstructural and stress properties of ultrathin diamond like carbon films during growth：molecular dynamics simulations［J］．Physical Review B，2007，75：035425.

[99] SHAO W，SHI Z，RAO L，et al. Molecular dynamics simulation on deformation behavior of DLC films based on γ-Fe/CrN matrix［J］．Materials Today Communications，2020，25：101460.

[100] 未来智库．高温合金产业研究报告：为什么要重视高温合金这条细分赛道［EB/OL］．（2021-03-10）［2024-08-15］．https：//new. qq. com/rain/a/ 20210310A049FJ00.

[101] 秦琴，毛子荐，刘昭凡．高温合金在航空发动机领域的应用现状与发展［J］．工具技术，2017，51（9）：3-6.

[102] 傅恒志，柳百成，魏炳波．凝固科学技术与材料发展［M］．北京：国防工业出版社，2005.

[103] 傅恒志，郭景杰，刘林，等．先进材料定向凝固［M］．北京：科学出版社，2008.

[104] 约翰 坎贝尔．铸造原理［M］．李殿中，李依依，译．北京：科学出版社，2011.

[105] 澎湃新闻．捷星 787 发动机换向齿轮箱主动锥齿共振引起的空中停车事件［EB/OL］．（2020-07-18）［2024-08-20］．https：//www. thepaper. cn/newsDetail_ forward_8314969.

[106] 李文军．高强度汽车齿轮表面强化技术的研究现状和发展趋势［J］．内燃机与配件，2020（7）：55-56.

[107] 沈庆通．现代感应热处理技术［M］．2 版．北京：机械工业出版社，2015.

[108] 刘怀举．齿轮接触疲劳理论与实践［M］．北京：科学出版社，2024.
[109] 不锈钢管徐阳秀．大国重器！C919 上的钢铁材料和新材料［EB/OL］．（2023-06-16）［2024-08-10］．https：//zhuanlan. zhihu. com/p/637447396#：~：text=%E6% 88%91%E5%9B%BD%E8%87%AA%E4%B8%BB%E7%A0%94%E5%88%B6%E7%9A%848.
[110] 中国钢铁新闻网．C919 一飞冲天！需求超千吨、产值过亿元，这一高端特殊钢市场前景可期［EB/OL］．（2022-05-31）［2024-08-10］．http：//www. csteelnews. com/qypd/qydt/202205/t20220531_63424. html.
[111] 程晓农．材料固态相变与扩散［M］．北京：化学工业出版社，2006.
[112] 孙振岩．合金中的扩散与相变［M］．沈阳：东北大学出版社，2002.
[113] 凤凰网财经．至暗时刻掘金“高压触头”，峰回路转圆梦“电网柱石”［EB/OL］．（2024-09-14）［2024-09-20］．https：//finance. ifeng. com/c/8csFB4AXZpY.
[114] 技成培训．惨不忍睹，开关柜“火烧连营”事故！［EB/OL］．（2023-12-12）［2024-09-20］．https：//mp. weixin. qq. com/s？_biz = MjM5NzA1OTc2MA = = & mid = 2651397915&idx = 1&sn = 60c6a58fe9c236d0b0f3455a49d18a4c&chksm = bd2272c48a55fbd2777aa149f905947010698f68961771ed596a776ee8005207faca1e71f1f0&scene=27.
[115] 于化顺．金属基复合材料及其制备技术［M］．北京：化学工业出版社，2006.
[116] 赵玉涛，戴起勋，陈刚．金属基复合材料［M］．北京：机械工业出版社，2007.
[117] 王玲，赵浩峰，蔚晓嘉．金属基复合材料及其浸渗制备的理论与实践［M］．北京：冶金工业出版社，2007.
[118] 汽车点评车叔．“洪水猛兽”双离合，寿命到底有多久？［EB/OL］．（2020-08-21）［2024-09-22］．https：//baijiahao. baidu. com/s？ id=1675600819759944380& wfr=spider&for=pc.
[119] 齐宝森．化学热处理技术及应用实例［M］．北京：化学工业出版社，2019.
[120] 高玉魁，赵振业．齿轮的表面完整性与抗疲劳制造技术的发展趋势［J］．金属热处理，2014，39（4）：1-6.
[121] 陈国民．对齿轮表面硬化热处理物理冶金因素的评述［J］．金属热处理，2015，40（8）：1-13.
[122] 新浪科技．室温超导体来了!？科幻变现实漫漫其修远兮［EB/OL］．（2016-07-06）［2024-09-25］．http：//tech. sina. com. cn/d/i/2016-07-06/doc-ifxtsatm1471696. shtml.
[123] 澎湃新闻．德国马普所也称 LK-99 不是室温超导体，科学侦探们接力解开谜团［EB/OL］．（2023-08-18）［2024-09-25］．https：//baijiahao. baidu. com/s？ id=1774519594520347652&wfr=spider&for=pc.
[124] 马如璋．功能材料学概论［M］．北京：冶金工业出版社，1999.
[125] 马衍伟．超导材料科学与技术［M］．北京：科学出版社，2022.
[126] 介万奇，坚增运，刘林，等．铸造技术［M］．北京：高等教育出版社，2013.
[127] 宋大拙．DFx 镍基单晶高温合金热处理组织及力学性能研究［D/OL］．西安：西安理工大学，2021［2024-08-15］．https：//kns. cnki. net/kcms2/article/ abstract？ v = XRdBcB-NO4STRjgBsmiuYNiric5FqG4OmuBY3oLhqVwTM4xq y6by9-YE3ZhuDQ4dBCbYwvpwxsj7cAUmaMjtyy4g3 MHhhDQrtz1AvZ_ uYqPHYPzpSY9Dw1_5xWPKLBcQoLe2v2UwqpfUyMseKLSuZQnrsN5bKCFybpqPF2 Ur2tHhdw1lXJffd_CUQ8nYHu_G&uniplatform=NZKPT&language=CHS.
[128] 周尧和，胡壮麒，介万奇，等．凝固技术［M］．北京：机械工业出版社，1998.
[129] Kurz W，Fisher D J. 凝固原理［M］．4 版．李建国，胡侨丹，译．北京：高等教育出版社，2010.
[130] 康思凡．再制造毛坯感应淬火强化层损伤演化规律研究［D/OL］．西安：西安理工大学，2021［2024-08-20］．https：//kns. cnki. net/kcms2/article/ abstract？ v = XRdBcB-NO4RqrMoqCqUjKKBnHijDOPAJjjayKaxPJIksSUmAWKcFfnz3UBarnWlg4vT_2F_gEGa3InnG6JEIBs09GERT3TxaFSkPLLKko1Aum4ipdr1jOLTeH2L6gN9sksgFlqSzqypg-zaOMnbtL _ g1G5wWcB5gSd8WrdGBTAIHH88PSowdD2oxIADulDCnOcmbrKA3ZAU=&uniplatform=NZKPT&language=CHS.

[131] 温飞娟．再制造零件界面特性对裂纹扩展行为影响的研究［D/OL］．西安：西安理工大学，2018［2024-08-20］．https：//kns. cnki. net/kcms2/article/ abstract？ v = XRdBcB-NO4RBF7T_vj7qMJ4 Nss-ryjrOiqVEwc3qreP4CSuVDb 2yJluJpEJoof2nf01oD1bhcKd5oCm-8TebJCFU6uN0oQOsqQoFvteJm0Nbt SH8SeGkMCs2rTCAATiYDF-wAyCRlJPe2Xzi9cu8NB9kvaYfkriMQa3qosWkLZjkJp1KoW3P39ESl2jaFXaNyGm4cqbshue0 = &uniplatform = NZKPT&language = CHS.

[132] 波特．金属和合金中的相变［M］．陈冷，译．北京：高等教育出版社，2011.

[133] 美国金属学会．金属手册（第七卷）粉末冶金［M］．9 版．韩凤麟，译．北京：机械工业出版社，1994：850.

[134] ZULFIA A，HAND R J. The production of Al-Mg alloy/SiC metal matrix composites by pressureless infiltratio［J］．Journal of Materials Science，2002，37（5）：955-961.

[135] OMURA N，KOHASHI M，CHOH T. Synthesis of TiC particle reinforced aluminum composite by reactive infiltration process［J］．Journal of the Japan Institute of Metals and Materials，2002，66（12）：1317-1324.

[136] MIZUMOTO M，MURANO T，KAGAWA A. Microstructure control of particle reinforced metal matrix composites fabricated by low-pressure infiltration process［J］．Materials Transactions，2002，43（10）：2629-2634.

[137] 范志康，梁淑华，肖鹏．高压电触头材料［M］．北京：机械工业出版社，2004.

[138] 胡旭东．材料成分对 CuW 合金抗高能电弧烧蚀性能影响的研究［D/OL］．西安：西安理工大学，2023［2024-09-20］．https：//kns. cnki. net/kcms2/article/ abstract？ v = XRdBcB-NO4RX1l8 hdfFsmx-diKU8iL0qf14UX9ZWNsanWayWk OpO3KvelDZHbPu0PEsZ0WPJlARiTaqLnOBxKJh01Dc8 JkoSUNgOiN-HkUVPCahVNwr7KKFEQVtDsGvi9kYmcW52r5RbZqFyjpWksMzbUMtQqz3Ep43TWmjj821m6EHo4w08zfEvsJuE3kBa7Z8dMe0wUk4Q4 = &uniplatform = NZKPT&language = CHS.

[139] YANG X，GAO Y，XIAO P，et al. The effect of Cr on the properties and sintering of W skeleton as an activated element［J］．Materials Science & Engineering A. 2011，528（10/11）：3883-3889.

[140] 卢金生，李宝奎．齿轮的精密热处理及抗疲劳制造探讨［J］．机械传动，2019，43（3）：170-175.

[141] MOURI L，MABILLE I，FIAUD C，et al. Improvement of the corrosion resistance of a low carbon steel using a two step plasma treatment［J］．Corrosion Science，2002，44（9）：2089-2099.

[142] WANG X A，YAN M F，ZHANG C S，et al. Insights into plasma nitriding behaviour of M50NiL steel with different initial microstructures［J］．Materials Science and Technology，2014，30：1248-1253.

[143] 宗晓明，权超健，陈怀刚，等．9Cr18 马氏体不锈钢表面低温渗碳强化技术研究［J］．热处理技术与装备，2017，38（3）：29-32.

[144] 宗晓明，权超健，陈怀刚，等．9Cr18 不锈钢表面低温渗碳强化技术研究［J］．特钢技术，2017，23（1）：39-42.

[145] 周廉．中国高温超导材料及应用发展战略研究［M］．北京：化学工业出版社，2008.

[146] 丁世英．神奇的超导材料［M］．北京：科学出版社，2003.

[147] 刘晓琴．铋锶钙铜氧与钇钡铜氧复层薄膜的制备及性能研究［D/OL］．西安：西安理工大学，2019［2024-09-25］．https://kns. cnki. net/kcms2/article/ abstract？ v = XRdBcB-NO4TRk6uw QPbCmc5EfpJBqvsTT4J28GcBXg6JMsquSMdB5wrUxE4Fl1EywBGSAmeoct8fe08QO96vKrAfKf2lrbNPGqp6Oj3Ns4ff1QWFdPomKY1TVW-Ayf6zMIQdklPErFCizsF4dpwNWbKKnz4_lHY4RSkwOZxychDxOiwNMYoN-DUhL5xnDfWoXZSgPZCydg = &uniplatform = NZKPT&language = CHS.